中国石化“十四五”重点图书出版规划项目
碳达峰碳中和系列丛书

石油化工生产过程碳足迹评价

凌逸群　主编　王北星　副主编

中国石化出版社

内 容 提 要

本书聚焦碳达峰碳中和目标下石油生产过程碳足迹评价，以科学的方法为基础，结合丰富的实践案例，由点到面、由单产品到全流程，展现了石油化工行业上、中、下游企业生产活动的碳足迹评价全过程。

本书是一本适用于低碳管理、低碳技术评价、技术咨询等领域的实用型工具书，可为石油化工企业提升低碳评价能力、促进绿色发展转型提供有益的参考。

图书在版编目（CIP）数据

石油化工生产过程碳足迹评价 / 凌逸群主编. — 北京：中国石化出版社，2023.6

ISBN 978-7-5114-7061-4

Ⅰ. ①石… Ⅱ. ①凌… Ⅲ. ①石油化工－生产过程－二氧化碳－排放－研究 Ⅳ. ①TE65

中国国家版本馆 CIP 数据核字（2023）第 097378 号

中国石化出版社出版发行

地址：北京市东城区安定门外大街58号

邮编：100011　电话：(010) 57512500

发行部电话：(010) 57512575

http://www.sinopec-press.com

E-mail: press@sinopec.com

北京富泰印刷有限责任公司印刷

全国各地新华书店经销

*

710 毫米 × 1000 毫米　16 开本　17.75 印张　293 千字

2023 年 9 月第 1 版　2023 年 9 月第 1 次印刷

定价：98.00 元

《碳达峰碳中和系列丛书》编委会

《石油化工生产过程碳足迹评价》编撰人员名单

主　编：凌逸群

副主编：王北星

主要撰写人员：

李　远　白凌云　张　越　张楚珂　吴　昊
李延军　黄志壮　谢小华　王之茵

序

PREFACE

习近平主席在第七十五届联合国大会一般性辩论上提出，中国将提高国家自主贡献力度，采取更加有力的政策和措施，二氧化碳排放力争于2030年前达到峰值，努力争取2060年前实现碳中和。明确的碳达峰碳中和目标愿景，为我国经济社会全面发展绿色转型指明了方向，为全球应对气候变化共同行动贡献了中国力量。

实现碳达峰碳中和是一项战略性、全局性、系统性的工作，要求我国建立健全绿色低碳循环发展的经济体系，建立清洁、低碳、高效、安全的现代化能源生产和消费体系。炼化行业是关系国计民生的基础性、支柱性行业，产品种类多、经济总量大、产业链长。在碳达峰碳中和背景下，炼化行业既要担负起确保国家油气安全及合成材料稳定供应的责任，还要加快推进行业自身的绿色低碳发展。

中国石化将助力实现国家碳达峰碳中和目标作为政治责任，围绕碳达峰碳中和重大战略任务进行统筹谋划，与国内知名高校合作，组织团队围绕节能减碳进行了比较系统的研究。包括宏观层面的结构转型、减碳路径、减碳成本等全局性问题，也包括微观层面的节能减碳技术、能源结构与产业结构转型、碳足迹、绿色产品等行业性问题，同时还前瞻性地开展了碳交易、碳金融等新领域的研究，形成了一批有价值的研究成果。这套《碳达峰碳中和系列丛书》是这些优秀成果的汇编，对炼油石化行业推进节能减碳、实现碳达峰碳中和有重要指导意义。这套丛书具有以下鲜明的特点：

（1）炼化行业特色突出。这套丛书共有六个分册，每一册都和炼油石化行业的节能减排的实践活动密不可分。丛书内容重点反映了中国石化在节能减排实践活动中形成的成果，具有鲜明的行业特色。如丛书提出的对炼化行业碳足迹的评价方法、减碳成本核算方法等是采用规范的研究方法，根据炼化行业的特点，坚持问题导向进行实践指导分析研究得到的，在炼化行业是具有新颖性的研究成果。本书既可以为普通读者普及碳达峰碳中和的基础知识，又可以为炼化行业节能减碳提供专业性的参考。

（2）丛书分册之间有明确的逻辑关系。丛书六个分册中都有各自的重点内容，分册之间又上下衔接互相关联，使丛书具有系统性。第一分册《碳达峰碳中和——工业高质量发展之路》，就“双碳”目标引领下我国工业高质量发展所面临的机遇和挑战进行了系统阐述分析并提出了相关建议，是对整套丛书的宏观把控；第二分册、第三分册和第四分册分别从碳足迹评价、碳减排成本核算和碳资产管理角度，为企业“双碳”能力提升提供了方法论与实践的支撑；第五分册《炼化企业碳达峰碳中和路线图》以炼化产业发展现状研究、温室气体排放研究及关键减排技术与措施研究为脉络展开论述，最终形成我国炼化产业碳达峰碳中和路线图，是整个碳达峰碳中和路径的凝练和总成；第六分册《炼化行业节能与减碳实践》是整个系列丛书的实践单元，它汇聚了中国石化多年来节能减碳的优秀案例，与前五分册相辅相成，共同构成了完整的“双碳”工作体系。

（3）瞄准未来发展方向。面对碳达峰碳中和新目标新形势，炼化行业要主动拥抱能源革命和产业变革，加快新技术、新工艺、新设备、新材料研发和应用，坚定推进调整结构、转型升级，实现可持续发展。这些在丛书中得到了体现，可为炼化行业的绿色低碳发展路径提供有益的参考。

希望这套丛书能得到炼化行业广大读者的喜爱，并能借鉴书中提供的思路与方法开展节能减碳的实践。

前言

PREFACE

气候变化问题已经成为全世界面临的重大挑战之一。作为世界第二大经济体和全球最大的二氧化碳排放国，中国在气候变化领域发挥着至关重要的作用。我国高度重视应对气候变化，积极推动促进高质量可持续发展的重要战略举措，在2015年提出了碳排放到2030年左右达峰等自主贡献目标，履行《巴黎协定》的承诺。在碳达峰碳中和背景下，“碳足迹”的概念及其相关研究引起了广泛的关注。碳足迹评价工作是量化碳排放、制定碳排放产业政策的技术基础，能够实现温室气体排放数据透明化，帮助企业开展积极有效的碳管理工作。

国务院《2030年前碳达峰行动方案》提出“建立重点企业碳排放核算、报告、核查等标准，探索建立重点产品全生命周期碳足迹标准”。工业和信息化部、国家发展改革委、生态环境部联合印发的《工业领域碳达峰实施方案》明确鼓励符合规范条件的企业公布碳足迹。碳足迹是基于生命周期理论，从地域、空间和时间等视角评估碳排放的全流程，并采取适当的方法进行宏观、中观和微观视角的分析，进而协助企业从源头上制定科学合理的、有针对性的、全流程的碳减排计划。在我国立足新发展阶段、贯彻新发展理念、构建新发展格局及可持续发展、绿色发展和“双碳”目标的战略背景下，碳足迹的研究具有非常重要的现实意义。

碳足迹的深远意义在碳达峰碳中和背景下越发凸显。碳足迹报告、碳足迹认证以及降低产品碳足迹已经逐渐纳入社会各类自治组织的监管考量；我国各地区、各行业、各产品也正在开启建立与国际接轨的碳足迹标识认证工作。近年来，石油化工行业碳排放引起的气候变化问题日益成为关注的焦点。石油化工行业是我国国民经济的重要支柱产业，涉及能源的生产供应，经济总量大，产业关联度高，用碳方式复杂、排碳规模较大、减碳任务紧迫，石油化工行业应尽快合理规划碳达峰碳中和的实施路径，加快推动石油化工企业进行清洁技术升级与绿色发展。目前国内油气公司普遍开展企业的温室气体盘查工作，在摸清自身排放家底的同时，为碳减排和参与碳交易奠定基础。同时，随着国际社会应对气候变化工作的逐步深入，应用碳足迹的评价方法研究企业、机构和个人行为对环境造成的影响也越来越为人们所重视。石油化工产业链结构复杂，产品种类众多，因此无论是基于终端消费还是产品生产，开展全生命周期碳足迹核算评价都是一项具有挑战性的工作，同时也是石油化工行业碳减排过程中不可或缺的重要环节。

本书详细介绍了石油化工行业上游、中游和下游企业生产活动的碳足迹评价，不仅有细致深入的方法介绍，还有丰富翔实的案例分析，为石油化工行业全产业链的碳足迹评价提供了有价值的范本。石油化工行业碳足迹核算与评价可帮助查清行业碳排放现状，整体认识企业的碳排放水平，也可以为相关上下游行业提供碳足迹评价的基础数据。对石油化工生产过程进行碳足迹评价，便于企业提出并制订符合自己企业实际情况的、合理的、经济适用的节能减排计划和方案，提高应对环境风险的能力，也是降低生产成本最直接的手段。开展石油化工行业碳足迹核算还有助于石油化工产品碳标签的认证推广工作，碳足迹核算为碳标签的推广提供了数据基础。相信本书的出版一定能为石油化工企业的碳足迹评价工作提供有意义的参考。

本书以凌逸群同志为主编，由中石化节能技术服务有限公司组织编写。本书参编人员主要由长期从事碳足迹评价工作的同志组成，他们经验丰富、认识扎实，分别承担了相应章节的编写任务。在本书编写出版过程中，得到了中国石油企业协会，中国石化北京化工研究院，中国石化集团经济技术研究院有限公司，中国石化大连石油化工研究院，中国石化健康安全环保管理部、炼油事业部、化工事业部、油田事业部的指导帮助以及中国石化出版社的大力支持，在此表示衷心感谢。

由于石油化工企业范围广阔，本书未能包含所有类型企业的碳足迹评价方法和案例分析，加之时间和水平所限，如有欠妥和疏漏之处，敬请读者批评指正。

目录

CONTENTS

第一章

碳足迹概念及标准

PART 1

1.1 引言

1.1.1 应对气候变化发展历程

气候变化问题已经成为全世界面临的重大挑战之一。世界各国政府、科学界和企业界对气候变化问题已经达成了明确的共识，即由温室气体排放导致的气候变化问题将会给全世界带来不可预计和毁灭性的后果，因此各个国家应当立即采取温室气体减排措施以缓解气候变化问题。

温室气体是指大气中吸收和重新放出红外辐射的自然和人为的气体，包括二氧化碳（CO_2）、甲烷（CH_4）、氧化亚氮（N_2O）、氢氟碳化物（HFCs）、全氟化碳（PFCs）、六氟化硫（SF_6）和三氟化氮（NF_3）。碳达峰是指特定区域（或组织）二氧化碳排放在某一个时点达到峰值，不再增长，之后进入平稳下降阶段。碳中和指特定区域（或组织）在一定时间内直接或间接产生的二氧化碳排放量与人为移除量达到平衡，人为移除包括节能减排、碳捕集、植树造林等方式。联合国政府间气候变化专门委员会（IPCC）定义的碳中和，也称为净零二氧化碳排放（Net Zero），是指在特定时期内全球人为二氧化碳排放量与二氧化碳消除量相等[1]。

应对气候变化的国际进程在曲折中前进。应对气候变化是一个复杂的系统性问题，涉及科学、技术、政治、经济等诸多方面。应对气候变化的国际谈判也取决于决策者基于对各种因素考量之上的价值判断，这些因素的发展变化对应对气候变化国际进程的演进产生了关键影响。

（1）联合国政府间气候变化专门委员会成立（1988年）

联合国政府间气候变化专门委员会（Intergovernmental Panel on Climate Change，IPCC）是世界气象组织（WMO）和联合国环境规划署（UNEP）于1988年联合建立的政府间机构，其成立的目的是建立一个良好的“科学-政治”互动关系，全面评估气候变化科学方面的最新进展，为应对气候变化的国际进程提供科学支撑。IPCC的作用是在全面、客观、公开和透明的基础上，对世界上有关全球气候变化的科学、技术和社会经济信息进行评估。IPCC于1990年、1995年、2001年、2007年、2013年和2022年相继六次完成了评估报告，这些报告已成为国际社会认识和了解气候变化问题的主要科学依据[2]。

（2）《联合国气候变化框架公约》（1992年）

1990年12月联合国大会决定成立一个政府间谈判机构，拟定《联合国气候变化框架公约》（以下简称《公约》），1991年2月召开第一次会议，经历五次会议后最终于1992年6月在联合国环境与发展大会上开始公开签署，并于1994年3月正式生效。《公约》体现了各方极高的政治智慧，达到了求同存异的目的，为未来应对气候变化的国际合作打下了良好的基础。其中最为重要的成果体现在三个方面：公约目标、基本原则和各方承诺。《公约》最主要的成果是确定了应对气候变化的最终目标是稳定大气中温室气体的浓度，以避免人为因素引起气候变化所带来的风险；第二项重要的成果是建立了国际合作应该遵循的基本原则，包括公平原则、共同但有区别的责任和各自能力的原则、预防原则、成本有效性原则等。这些原则较为全面地考虑到了应对气候变化国际合作的各个方面，为此后20年气候变化国际合作进程向正确的方向发展提供了保障。

（3）《京都议定书》（1997年）

1997年底在日本京都举行了联合国第三次缔约方大会，最终达成了《京都议定书》。《京都议定书》的重要意义体现在首次确定了具有法律约束力的量化减排指标，设置了发达国家集体目标，即在2008—2012年第一承诺期内年均排放量在1990年水平上减少5.2%，同时每个国家还确定了各自的减限排目标。另外，《京都议定书》的重要成果是其确立的三种灵活机制，排放贸易、联合履约和清洁发展机制。这三种灵活机制源于《公约》所倡导的成本有效原则，即通过经济手段为承担减排任务的缔约方提供履约的灵活性。从实施效果来看，这三种灵活机制的设立不但达到了其最初的设计目的，而且取得了巨大的额外效应；不仅证实了经济减排手段的有效性，还大大提高了发展中国家应对气候变化的意识，以及更大范围开展减排行动的信心。清洁发展机制产生的效果对于后续巴厘路线图进程的启动起到了很好的推动作用。

（4）巴厘路线图（2007年）

《京都议定书》达成之后，国际社会面临的重要任务是如何保证《京都议定书》的有效实施，并完善诸多技术性细则，特别是涉及核算规则、灵活机制实施细则、履约机制等，这些技术性问题耗费了大量的时间和精力。从1998年的“布宜诺斯艾利斯行动计划”开始，经过了2000年海牙会议戏剧性的失败，通过2001年6月份的波恩续会，谈判一直持续到2001年底才通过了“马拉喀什协定”。进入21世纪后，国际社会在应对气候变化问题上的热情遭受极大打击。

直到2007年底，经过持续十多天的马拉松式谈判，联合国气候变化大会终于通过名为“巴厘路线图”的决议，目的在于针对气候变化全球变暖而寻求国际共同解决措施。它的第一个重要成果是明确了发达国家减排承诺和发展中国家适当减缓行动的双轨安排，第二个重要成果是确立了应对气候变化问题的五大构件，即共同愿景、减缓、适应、资金、技术。巴厘路线图虽然成功启动，但后续进展并不顺利，发达国家和发展中国家在谈判中产生了极大的分歧。

（5）《哥本哈根协议》（2009年）

2009年在丹麦首都哥本哈根召开了《联合国气候变化框架公约》第十五次缔约方会议暨《京都议定书》第五次缔约方会议，也被称为哥本哈根会议，本次会议的焦点问题在于“责任共担”。本次会议的谈判过程十分艰难，发达国家和发展中国家的不同利益主张引发矛盾冲突，《丹麦草案》在发展中国家中引起强烈不满，使大会难以继续。最终在大会最后两天内达成不具备法律约束力的《哥本哈根协议》。

（6）《巴黎协定》（2015年）

为了应对气候变化的挑战，全世界197个国家于2015年通过了《巴黎协定》，以各缔约国“自下而上”的国家自主贡献目标（Nationally Determined Contributions，NDC）为行动基础，推进应对全球气候问题的合作，以大幅减少全球温室气体排放并将21世纪全球气温升幅限制在2℃以内，同时寻求将气温升幅进一步限制在1.5℃以内的可行性措施。截至目前，全球已共有189个国家加入了《巴黎协定》，其中一百多个国家承诺2050年实现碳中和。

（7）“后巴黎时代”（2015年以后）

“后巴黎时代”即《巴黎协定》签署生效所开启的全球气候治理新阶段，由此全球气候治理的模式、领导权、话语权、治理格局都面临着深刻变化。国际谈判也一直在艰难地进行中，2022年11月举办的《联合国气候变化框架公约》第二十七次缔约方大会，作为一届强调“落实”的大会，最终通过了数十项决议，涵盖了“减缓、适应、资金、合作”等四大议题，但也没有得到实质性的成果。

在"后巴黎时代"，中国肩负着推动构建人类命运共同体的伟大使命，担当着维护"共同但有区别的责任、公平和各自能力原则"的大国责任，实现从积极参与者向积极引领者的角色转变。

作为世界第二大经济体和全球最大的二氧化碳排放国，中国在气候变化领域发挥着至关重要的作用。我国高度重视应对气候变化，积极推动促进高质量可持续发展的重要战略举措，在2015年提出了碳排放2030年前达峰等自主贡献目标，履行《巴黎协定》的承诺。2020年，我国碳排放强度比2005年降低48.4%，超过了向国际社会承诺的40%~45%的目标，基本扭转了二氧化碳排放快速增长的局面。在能源消费结构方面，非化石能源占能源消费比重达15.9%，比2005年提升了8.5个百分点，对煤炭消费的依赖显著下降，能源结构优化取得明显的成效。2020年9月22日，国家主席习近平在第七十五届联合国大会一般性辩论上宣布了碳达峰碳中和目标：中国将提高国家自主贡献力度，采取更加有力的政策和措施，二氧化碳排放力争于2030年前达到峰值，努力争取2060年前实现碳中和[3]。

在我国提出碳达峰碳中和目标（以下简称双碳目标）之后，中共中央、国务院发布的《关于完整准确全面贯彻新发展理念做好碳达峰碳中和工作的意见》、国务院发布的《2030年前碳达峰行动方案》和国家发展改革委等五部委发布的《关于严格能效约束推动重点领域节能降碳的若干意见》等一系列"1+N"政策体系逐渐构建。

1.1.2　碳达峰碳中和给我国社会带来的挑战

在实现绿色转型的同时，双碳目标给我国宏观经济发展、工业企业生产和经济增速带来巨大挑战。国家统计局发布的《2021年国民经济和社会发展统计公报》数据显示，2021年我国全年能源消费总量52.4亿t标准煤，比2020年增长5.2%。煤炭消费量增长4.6%，原油消费量增长4.1%，天然气消费量增长12.5%，电力消费量增长10.3%[4]。随着中国现代化和城镇化进程的推进，在保持中高速经济增速的目标下，中国未来能源需求还将有较大的增长。而随着人均能源消费增加和工业生产增加所带来的二氧化碳排放成本势必又要影响企业用电成本和生产价格指数（PPI），甚至居民消费价格指数（CPI）和经济增长速度。尽管过去40多年我国节能降耗成效显著，能源利用效率提升较快，单位GDP能耗年均降幅超过4%，累计降幅近84%，但与发达国家相比，我国单位GDP能耗仍是世界平均水平的1.5倍[5]。

相较于欧洲和日韩等发达国家和地区，中国计划从碳达峰到碳中和只有30年的时间，远低于发达国家的40~60年，因此温室气体减排的任务更加紧迫，面临着更大的挑战。具体说来，碳达峰碳中和给我国社会带来的挑战主要体现在以下三个方面：

①我国作为世界上最大的发展中国家，虽然改革开放40多年来，经济实现了高速发展，但是发展不平衡不充分问题仍然突出。目前我国面临着发展经济、改善民生等一系列艰巨任务，我国的能源需求还在不断增加，碳排放仍处于上升阶段，尚未达到峰值，需要平衡经济增长和减排之间的关系。

②我国的资源禀赋结构决定了目前我国的能源消费结构仍然以化石能源消费为主，能源消费目前仍有一半以上用的是煤炭。从我国发电类型来看，仍然是以燃煤发电为主。因此我们面临着仅用40年左右时间就要将大比例的化石能源消费变成清洁能源消费的巨大挑战，在减少碳排放的同时要处理好国家能源安全问题，保证经济社会的稳定。

③全球治理体系及相关治理规则面临着巨大的调整和发展。目前，全球主要国家都在努力促进环境、社会和气候变化治理。为了提高治理水平，全球有200多个机构制定了600多项指导规则，且这些规则大多侧重具体领域，并不具有强制执行力。从国内的情况来看，我国的碳排放相关规则和标准还处在不断完善的过程中，虽然近年来已经出台了一系列的政策及标准，但是距一个统一的、可比较的、具有强制执行力的能与国际接轨的标准体系还存在较大的完善空间。

1.1.3 碳足迹支撑碳达峰碳中和目标实现

（1）碳排放与碳足迹

在减排领域，碳排放和碳足迹两个概念常被提及，二者虽都与二氧化碳相关，但却具有不同的内涵。碳排放一般是指某一个主体在某一时间段内的温室气体排放，包括直接排放和间接排放。对于同一主体而言，碳足迹的核算难度要大于碳排放，它是一个产品或者一项服务在全生命周期所产生的碳排放，其核算结果包含碳排放的信息。碳足迹一般被用来描述国家、产品、服务、个人或组织的活动所产生的温室气体排放。因此，想要详细地核算温室气体的排放量，科学精准地进行碳足迹评价至关重要。

（2）碳足迹支撑碳达峰碳中和目标实现

在碳达峰碳中和背景下，“碳足迹”的概念及其相关研究引起了广泛的关注。

碳足迹评价工作是量化碳排放改善效果和碳排放产业政策的技术基础，能够实现温室气体排放数据透明化，帮助企业开展积极有效的碳管理工作。碳足迹评价是影响产品市场竞争力的重要因素之一，对从事过程工业的企业而言，开展产品碳足迹评价是企业掌握所生产产品对环境影响的重要方式，将产品碳足迹量化并以碳标签的形式向公众和消费者展示，通过影响企业供应链及消费者的选择有效地促进碳减排，同时碳足迹的相关研究对提高企业在未来低碳市场的竞争力、对国家环保政策的响应度有着极为重要的意义，是目前刻不容缓的一项任务。

国务院《2030年前碳达峰行动方案》提出“建立重点企业碳排放核算、报告、核查等标准，探索建立重点产品全生命周期碳足迹标准”。工业和信息化部、国家发展改革委、生态环境部联合印发的《工业领域碳达峰实施方案》明确鼓励符合规范条件的企业公布碳足迹。碳足迹的概念弥补了碳排放相关研究未对排放源头、周期和过程的关注，基于生命周期理论，从地域、空间和时间等视角评估碳排放的全流程，并采取适当的方法进行宏观、中观和微观视角的分析，进而从源头上制定科学合理的、有针对性的、全流程的碳减排计划。在我国立足新发展阶段、构建新发展格局及可持续发展、绿色发展和双碳目标的战略背景下，对碳足迹进行研究探索具有较强的现实意义。

1.2 碳足迹的概念

碳足迹的概念起源于生态足迹，生态足迹是指要维持一个人、地区、国家的生存所需要的或者指能够容纳人类所排放的废物的、具有生物生产力的地域面积，而碳足迹就是生态足迹在温室气体排放领域的具体应用。具体而言，碳足迹是产品系统中的温室气体排放量和温室气体去除量之和，以二氧化碳当量为单位表示。碳足迹分析既可以从产品的角度进行，也可以从个人、团体或企业活动的角度进行。产品角度的分析是指报告产品整个生命周期的温室气体排放或者生命周期中某个商品或服务阶段的温室气体排放。相对地，活动角度的分析是指个人、团体、组织、企业、政府的活动所导致的温室气体排放清单。产品碳足迹是从生命周期的角度出发，采用生命周期评价（Life Cycle Assessment，LCA）方法分析核算产品（商品和服务）在全生命周期中产生的温室气体排放量。

生命周期评价是国际上评价产品碳足迹、绿色制造、绿色供应链、生态设计的科学方法，是开展碳足迹分析的常用工具，是以过程为基本出发点、自下而上（Bottom-up Model）的分析方法，用来评估产品在生命周期中对环境的影响，能够体现整个过程中的能耗情况，同时反映出产品的环境友好程度。从其定义来看，生命周期评价有3个特点：①面向产品；②数字化的定量分析；③生命周期全过程系统化的评价。因此生命周期评价能够数字化展现产品生命周期环境绩效，分析比较相同产品不同制造途径、不同产品实现相同功能的环境绩效。生命周期评价可避免环境影响转移，包括从一道工序转移到另一道工序，从一种污染物转移到其他污染物。

英国是最早发布碳足迹评价方法规范的国家，英国标准协会（British Standards Institution，BSI）发布的PAS 2050：2011《商品和服务的生命周期温室气体排放评价规范》对产品碳足迹定义作了详尽的介绍。PAS 2050：2011规定产品碳足迹适用于评估商品和服务（统称为“产品”）生命周期温室气体排放。生命周期温室气体排放是由产品生命周期的所有阶段和在产品指定的系统边界内产生的温室气体排放的总和，包括产品创建、获取、修改、运输、储存、使用、提供、回收或处置此类商品或服务的过程中释放的排放。产品碳足迹反映了产品全球变暖单一环境影响类别，不评估因提供产品而产生的其他潜在的社会、经济和环境影响或问题。

国际标准化组织（International Organization for Standardization，ISO）作为权威的标准制定机构对碳足迹进行了深入的研究，并制定专门用于碳足迹的标准ISO 14067：2018《温室气体-产品碳足迹-量化要求和指南》，规定产品碳足迹是产品系统中的温室气体排放量，以二氧化碳当量为单位表示，基于使用气候变化单一影响类别的生命周期评价。

许多机构和学者对“碳足迹”有各自不同的见解和认知，对碳足迹的研究内容也有所区别。表1-1列出了不同研究机构或学者对碳足迹的主要研究内容[6]。

表1-1　不同研究机构或学者对碳足迹的主要研究内容

来源	主要分析
英国石油公司[7]	人类在日常活动过程中所排放的CO_2总量
Energetics科技报告[8]	人类在经济活动中直接和间接排放的CO_2总量

续表

来源	主要分析
《自然》[9]	从功能和定义上看，碳足迹是个人或活动所释放的碳质量，因而认为碳足迹应改为“碳重量”或其他相关词汇
世界资源研究所/世界可持续发展工商理事会[10]	将碳足迹定义为三个层面：第一层面是来自机构自身的直接碳排放；第二层面将边界扩大到为该机构提供能源的部门的直接碳排放；第三层面是含有供应链全生命周期的直接和间接排放
碳信托[11]	是指衡量某一类产品在其生命周期中（如原料开采、加工、废弃产品的处理）所排放的CO_2以及其他温室气体转化为CO_2当量
POST科技报告[12]	指某一种产品或某一过程在全生命周期内所排放的CO_2和其他温室气体的总量，后者则用每千瓦时所产生的CO_2当量（g CO_2/kW·h）来表示
《生态经济学》[13]	碳足迹一方面是某一产品或服务系统在其全生命周期所排放的CO_2总量；另一方面则是某一活动中所直接和间接排放的 CO_2总量，活动的主体包括个人、组织、政府以及工业部门等
全球足迹网络[14]	指出其是生态足迹的一部分，为某个活动或组织的温室气体排放量
联合国政府间气候变化专门委员会[15]	估算国家层面上人类活动所产生的CO_2、N_2O、CH_4、HFCs、SF_6、PFCs排放量及去除量
国际标准化组织[16]	包括：组织所拥有的或控制的温室气体排放，有消耗电力、热力或蒸汽产生的温室气体排放，有其他因组织活动产生其他组织拥有或控制的温室气体排放
英国标准协会《PAS 2050规范》[17]	指产品或服务在其生命周期内的温室气体排放总量
中华人民共和国国家发展和改革委员会[18]	省域内居民在经济活动中所产生的CO_2、N_2O、CH_4、HFCs、SF_6、PFCs排放量及去除量

1.3 碳足迹评价方法

碳足迹评价是衡量温室气体排放情况的一种方法，国内外常用的碳足迹评价方法包括：生命周期评价法（Life Cycle Assessment，LCA），主要评估某一产品在生命周期或服务过程中排放的温室气体，是以过程分析为基础的自下而上的一种评价方法；投入产出法（Input-Output Analysis，IOA），主要利用编制投入产出表进行核算，是以投入产出分析为基础的自上而下的一种评价方法；IPCC法，是由联合国政府间气候变化专门委员会编写并提供计算温室气体排放的详细方法，已成为国际公认和通用的碳排放量估算方法，主要估算不同尺度、不同区域的碳足迹[19]。其中生命周期评价法和IPCC法应用较为广泛[20]。

1.3.1 生命周期评价法

生命周期评价法（LCA）以过程分析为基础，分析一种产品在生产阶段、使用阶段、废弃阶段、回收阶段及再利用阶段所导致的能源使用、资源消耗、污染物排放等环境影响。生命周期评价法从目标和范围定义、生命周期清单分析、生命周期影响评价及生命周期解释四个步骤来核算碳足迹。

①流程建立。列出产品生产的各个环节和阶段所使用的原料及开展的活动，并以此为基础进行计算。其流程主要分为企业到企业（Business To Business，B2B）和企业到消费者（Business To Consumer，B2C）两种类型，第一种是从厂商到厂商过程的排放，仅考虑产品到达新商业组织前的温室气体排放量，第二种涵盖了产品全生命周期内的所有排放。

②系统边界确定。根据建立的流程，对产品的碳足迹计算边界进行确定。界定过程的要点是：必须将产品的生产、使用过程的直接排放和间接排放全部包括在内。

③数据收集。碳排放因子以及产品生命周期内的所有活动数据都在碳足迹的核算范围内，活动数据是指排放或消除的温室气体活动量，例如各种燃料的消耗量、原料使用量、产品产量、外购电力和外购蒸汽量等[21]。以上两类数据属于核算过程需要用到的原始数据。通过使用原始数据能够保证核算的最终精确性。

④碳足迹计算。第一步就是建立平衡方程，确保物质达到平衡的输入、累积和输出，也就是要满足输入等于输出和累积的和。之后对生命周期内产品的碳排放情况使用平衡方程进行计算，计算公式见式（1–1）：

$$E=\sum_{i=1}^{N}(Q_i \times C_i) \tag{1–1}$$

式中 E——产品碳足迹；

Q_i——活动数据；

C_i——单位碳排放因子。

⑤结果分析。根据核算结果识别主要排放，评估其完整性、一致性，进行敏感性分析，提出改善建议。

生命周期评价法的计算结果相对具有针对性，多用于研究微观系统（产品、个人），它是自下而上的。迄今为止，国内外已有不少学者使用生命周期评价法核算了微观系统的碳足迹，与此同时，国际标准化组织、英国标准协会和世界资源研究所均采用生命周期评价法出台碳足迹核算评估的相关标准。

1.3.2 投入产出法

1936年，美国经济学家Wassily Leontief首次提出了投入产出法[22]。这种方法通过对投入产出数据进行汇编并建立相应的模型，对特定经济系统的投入与产出间数量依存关系进行分析，也被称为产业部门间的分析，是目前为止比较成熟的经济分析方法。

这种方法主要是自上而下进行碳足迹计算，它的边界就是整个经济系统，在计算过程中不用花费过多的人力、物力就能够完成[23]，通常在分析宏观经济时采用。

具体计算公式见式（1–2）：

$$B = b\times (I-A)^{-1}\times Y \tag{1–2}$$

式中　B——为了实现Y需求而进行的直接和间接温室气体排放；

b——单位需求产生的温室气体排放；

I——单位矩阵；

A——直接消耗矩阵；

Y——最终需求。

投入产出法一个突出的优点就是可以利用投入产出表提供的信息来计算经济变化对环境的直接、间接影响，并得出产品与其投入之间的物理转化关系。但该方法也存在一定的局限性，具体表现在：投入产出法是分部门或分行业来计算二氧化碳的排放量，而同一部门或行业间有很多不同种类的产品，这些产品的二氧化碳排放情况可能有成千上万种，因此采用投入产出法的核算方式进行计算很容易出现误差；使用投入产出法的核算结果无法获悉产品的具体情况，它只能从行业数据入手，该方法只能用于评估某个部门或某个产业的碳足迹而非单一产品。

1.3.3 IPCC法

联合国政府间气候变化专门委员会于2006年发布了《IPCC国家温室气体清单指南》，该指南主要估算不同尺度、不同区域的碳足迹，较为详细地给出了国家温室气体清单。该指南为所有的部门提供了所要求的各个参数和排放因子的缺省值，并且将温室气体排放的核算方法进行介绍。

《IPCC国家温室气体清单指南》由五卷组成，清单中涵盖二氧化碳、甲烷、氢氟烃、氧化亚氮、全氟化碳等导致温室效应的气体。第一卷是一般指导及报告，给出了总体的清单编制步骤，包括从初始的数据收集到最终的报告，并为每个步骤所需的质量要求提供了指导意见。第二卷至第五卷则属于详细指导，分别对应四个不同经济部门清单编制工作，包括能源，工业过程和产品使用，农业、林业和其他土地利用，废弃物。

在使用IPCC法计算的时候，计算方式对于各个部门来说也是不尽相同的，不过在实际应用中通常是将人类活动的所有数据进行量化处理的清除量和排放量的系数结合起来，这些系数称作“排放因子”（Emission Factor，EF）。基本的方程见式（1–3）：

$$碳排放量=AD\times EF \tag{1–3}$$

式中 AD——碳排放活动数据；

EF——排放因子。

IPCC法详细地考虑了几乎所有的温室气体排放源，并提供了具体的排放原理和计算方法。IPCC法多和其他方法或模型一起使用，也可作为其他研究方法的基础工具。但IPCC法只能计算活动中所直接产生的碳足迹，而不能核算活动中的隐性碳足迹[19]。其作用是向决策人提供气候变化影响的科学评估，以及适应或降低气候变化影响的建议，但同时也要保证全面性、客观性及公开透明性。

通过以上对碳足迹评价方法的介绍可以得出：生命周期评价法结果相对准确，具备针对性，适用于研究微观系统（产品、个人），但需要消耗较大的人力、物力资源，相对成本较高；投入产出法是以整个经济系统作为核算边界的，适用于评估某个部门或某个产业的碳足迹而非单一产品，它在核算时仅仅需要较少的人力、物力资源，相对成本较低；IPCC法适用于从生产角度核算研究某一区域的直接碳足迹，但是该方法也存在一定的局限性，它只能用于研究相对封闭的碳足迹，不能从消费的角度计算隐含的碳排放量。

考虑到石油化工行业属于流程工业，包括石油化工产品的生产阶段、使用阶段、废弃阶段、回收阶段及再利用阶段，各阶段都存在能源使用、资源消耗、温室气体排放，与生命周期评价法适用范围吻合，因此石油化工产品碳足迹核算宜采用生命周期评价法。

1.4 碳足迹评价标准

为了应对全球气候变化导致的严重后果，敦促各组织机构采取减排措施，国际标准化组织对产品碳足迹的核算方法制定了一系列的规范[24]，国际标准化组织于2006年发布了第二版的ISO 14040《环境管理生命周期评价 原则和框架》和ISO 14044《环境管理生命周期评价要求与指南》，两个标准对生命周期评价做了解释和说明。LCA强调贯穿于生产阶段、使用阶段、废弃阶段、回收阶段及再利用阶段的产品生命周期的环境因素和潜在的环境影响，包括四个步骤：目的和范围确定，清单分析，影响评价，解释。LCA的研究范围取决于研究对象和意图，不同目的的LCA，其广度和深度会有很大差异。生命周期清单分析旨在对所研究系统中输入和输出数据建立清单，满足研究目的的数据收集，生命周期影响评价的目的是进一步提供信息，以帮助评价产品系统的清单分析结果，解释是对以上结果进行总结和讨论，为决策制定提供依据[25]。

在全球范围内受到公认并且应用相对广泛的碳足迹标准有三个国际标准：PAS 2050，GHG Protocol《产品寿命周期核算和报告标准》和ISO 14067。英国环境、食品和乡村事务部（Department for Environment , Food and Rural Affairs , Defra）和英国碳信托（Carbon Trust）组织于2008年发布了PAS 2050《商品和服务的生命周期温室气体排放评价规范》，PAS 2050首先提出专门针对产品碳足迹核算的相关规范，可视作产品碳足迹评价标准的始祖。世界资源研究所（The World Resources Institute ,WRI）和世界可持续发展工商理事会（World Business Council for Sustainable Development , WBCSD）联合制定，于2011年10月正式发布了GHG Protocol《产品寿命周期核算和报告标准》，该标准以ISO 14040和ISO 14044为基础，为企业核算产品碳足迹提供详细指导和规范。国际标准化组织于2018年发布了ISO 14067《温室气体-产品碳足迹-量化要求和指南》，在ISO 14040、ISO 14044和PAS 2050的基础上出台，ISO 14067进一步提高了产品碳足迹核算的全球影响力[26]。

PAS 2050制定了基于关键生命周期评估技术和原则，对商品和服务（统称为"产品"）的生命周期温室气体排放进行评估。该标准适用于评估产品从摇篮到大门或产品从摇篮到坟墓的温室气体排放。摇篮到大门是指从提取或获取原材料到产品离开组织。摇篮到坟墓是指从原材料的提取或获取，到生产、使用、废弃，再到废物的回收和处理。该标准规定了系统边界确定、系统边界内产品相关温室气体排放来源、数据分析以及计算结果的要求。该标准不评估因提供产品而产生的其他潜在的社会、经济和环境影响或问题，仅解决了全球变暖的单一影响类别[27]。

GHG Protocol全称《温室气体核算体系》（Greenhouse Gas Protocol），主要是为企业开发的一套国际公认的温室气体核算和报告标准，包括：《企业核算与报告标准》《企业价值链（范围三）核算和报告标准》《产品寿命周期核算和报告标准》等8个独立但互补的标准、方法和指南，其中《产品寿命周期核算和报告标准》为满足政府、企业和研究行业对于核算和报告产品寿命周期温室气体排放影响的需求，为产品层面的温室气体核算提供科学的基本方法。《温室气体核算体系-产品生命周期核算与报告标准》（GHG Protocol产品标准）是在ISO 14040以及ISO 14044和PAS 2050的框架和要求的基础上制定的，旨在提供额外的规定和指导，以便于对产品寿命周期温室气体清单进行一致性的量化和公共报告，核算方法和要求遵循寿命周期评价法，并对各步骤进行了细化。该标准特别提出要设立明确的商业目标，有助于企业确保其在清单编制过程中作出的决定和最终清单结果与目标有关。在碳足迹核算的规定、要求和指导等方面，GHG Protocol产品标准被认为是最为详细和清晰的标准。

ISO 14067《温室气体-产品碳足迹-量化要求和指南》规定了产品碳足迹量化的原则、要求和指南，其方法与ISO 14040和ISO 14044标准中规定的LCA一致，且将气候变化作为单一影响类别，旨在量化产品生命周期的温室气体排放。从资源开采和原材料采购开始，一直延伸到产品的生产、使用和寿命结束阶段，针对产品碳足迹或产品部分碳足迹的研究应包括生命周期评价的四个阶段，即目标和范围定义、生命周期清单分析、生命周期影响评估和生命周期解释。产品生命周期中的温室气体排放应分配到温室气体排放产生的生命周期中的相应阶段。对于各部分产品碳足迹，只要按相同方法评估，则可对其进行累计，以形成完整的产品碳足迹[28]。

对PAS 2050、GHG Protocol产品标准和ISO 14067的碳足迹核算步骤进行分析与对比，见表1-2。从表1-2中可以看出，各标准产品碳足迹的核算步骤基本一致，主要分为三个步骤：启动阶段（包括设定目标、选定产品等）、产品碳足迹计算（流程图绘制、边界设定、数据收集、碳足迹计算、不确定性分析），以及后续步骤（审定结果、减排、碳足迹通报和公布减排量等）。

表 1-2　三种不同碳足迹标准核算步骤对比

PAS 2050	GHG Protocol产品标准	ISO 14067
设定目标，选定产品	商业目标、原则、确定范围	确定目标和范围
流程图绘制、检查边界、收集数据	边界设定、数据收集和质量评估、分配	清单分析
碳足迹计算	计算清单结果	影响评估
检查不确定性	不确定性分析、绩效追踪、报告	影响解释
审定结果、减排、碳足迹通报	保证、报告	报告与严格审查

表1-3为三种不同标准特点对比。依照PAS 2050和ISO 14067计算产品碳足迹时，都需要先根据产品种类规则（Product Category Rules，PCR）对产品进行分类，而GHG Protocol产品标准则未对产品分类提出要求。PCR是以生命周期评价为基础，针对一个或多个种类的产品编写的环境声明中应遵循的规则。

表 1-3　三种不同碳足迹标准特点对比

项目	PAS 2050	GHG Protocol产品标准	ISO 14067
PCR	需要	无要求	需要
系统边界的确定	基本一致	基本一致	基本一致
截断准则	100%	允许排除，值可能低于100%	允许排除，值可能低于100%
评价期	100年	可指定评价期并说明理由	可指定评价期并说明理由
分配	允许用经济价值进行分配，没有提及物理分配	允许用经济价值进行分配	允许用经济价值进行分配
再循环再处理	基本一致	基本一致	基本一致
主要数据和数据质量评定	一致	一致	一致
不确定性分析	基本一致	基本一致	基本一致
土地利用变化	基本一致	基本一致	基本一致
生物源排放量	没有考虑温室气体的去除或生物碳释放的影响	有考虑	有考虑

由表1-3可以看出，确定系统边界是碳足迹评价的重要环节，依照PAS 2050和ISO 14067计算产品碳足迹时，都需要先根据PCR对产品进行分类，而GHG Protocol产品标准则未对产品分类提出要求。PAS 2050、GHG Protocol产品标准和ISO 14067的操作步骤基本一致，大致包括：设定系统边界（确定与所研究产品在生命周期内有关的过程）、核实温室气体排放信息、截断准则。产品的边界应当包括产品完整的生命周期，即摇篮到坟墓，包括原料的获取及预加工、生产、分销和存储、使用、生命终止等阶段；当清单边界定为摇篮到大门时，应提供充足的理由说明合理性。如果某个材料或物流对特定单元工艺的碳足迹贡献度不大，可以将其排除在外。

分配原则是指在产品全生命周期中，由于某企业或组织生产若干产品，在计算某个产品的碳足迹时，就要考虑如何分配产品的碳足迹。三种标准都可以通过经济价值进行分配，但PAS 2050不涉及物理分配。三个标准均考虑了再生材料循环回收利用的分配。

温室气体排放清单方面，ISO 14067和GHG Protocol产品标准将《京都议定书》规定的六种温室气体（二氧化碳、甲烷、氧化亚氮、六氟化硫、全氟化碳和氢氟碳化物）列入清单，其余有显著贡献或与产品相关的温室气体也应包括在内。而PAS 2050除了《京都议定书》规定的六种温室气体外，最新版的IPCC指导中列明的温室气体也应列入清单，并且采用IPCC给定的最新全球变暖潜值。

评价期方面，PAS 2050明确规定了应评价该产品形成后100年内GHG排放的CO_2当量影响，而ISO 14047与GHG Protocol产品标准在阐明理由的前提下可指定评价期。

生物源排放量方面，PAS 2050没有考虑温室气体的去除或生物碳释放的影响。

主要数据及其质量评定、不确定性分析和土地利用变化方面，PAS 2050、GHG Protocol产品标准与ISO 14047都基本一致，特别是在主要数据和数据质量评定上高度一致[29]。

1.5 碳足迹评价要素

在碳足迹核算评价中，分配方法、排放清单和排放因子都是重要的组成要素。

1.5.1 分配方法

分配是指将输入和输出按照明确的规定和合理的分配方法分配给不同产品，应包括识别与其他产品系统共享的过程。产品碳足迹的分配应按照以下步骤进行处理。

（1）避免分配

通过过程细分、重新定义分析单位或使用系统扩展来避免共生产品的温室气体排放量的分配。

1）过程细分

当共生过程可能被分成两个或更多个独立的过程时，即把共生过程分解为单独生产所评价产品和共生产品的子过程，这种方式可以避免分配。

石油化工产品碳足迹评价首先考虑采用过程细分避免共生产品的排放分配，并且经常与其他方法一起使用以避免分配。

2）重新定义分析单元

另一个避免分配的方法是重新定义分析单元，使其能够涵盖所研究产品和共生产品两者的功能。

3）系统扩展

系统扩展方法通过代入类似（或相当产品）或由不同产品系统生产相同产品的排放，来估算共生产品的排放对共同过程的贡献。

执行系统扩展时，应了解共生产品的用途，并收集高质量的特定供应商排放因子数据或平均排放因子数据来进行系统扩展。

使用系统扩展的方法应解释所选择的替代物（及其相关排放）在代替共生产品时的合理性。

（2）执行分配

如果无法避免分配，应根据所评价产品和共生产品间的本质物理关系分配排放。当单独的物理关系不能建立或不能用作分配基础时，应选择经济性分配法，或能够反映所评价产品和共生产品间其他关系的分配方法。

1）物理性分配

当执行物理性分配时，所选因子应最能准确反映所评价产品、共生产品和过程排放的本质物理联系。物理性分配因子包括：（a）作为输出的共生产品的质量；（b）运输货物的体积；（c）热和电力共生产品的能源含量；（d）制造的（产品）单元数量；（e）食品共生产品的蛋白质含量；（f）化学成分。

2）经济性分配

经济性分配是根据产品离开共生过程时的经济价值将共生过程产生的排放分配给所评价产品和共生产品。应用经济性分配时，应直接使用共生产品离开共生过程后的价格。当这个直接价格无法获得或无法评估时，可以使用市场价格。

3）其他关系

当物理性分配和经济性分配都不适用时，应在产品和功能之间选择以反映它们之间其他关系的方式进行分配。如果没有相关惯例，并且其他分配方法对共同过程也不适用，可对共同过程做出假设，以选择一个分配方法[27]。

1.5.2 排放清单

排放清单是对产品生命周期中的输入和输出的汇编和量化。对于纳入系统边界内的所有单元流程，需收集纳入清单的所有定性和定量数据，收集的数据包括直接温室气体排放（通过直接测量、化学计量、质量平衡或类似方法确定）、活动数据（导致温室气体排放或清除的过程的输入或输出）和排放因子[29]。

石油化工行业系统边界内的单元过程排放清单包括原材料带入排放、辅助材料带入排放、能源消耗排放和工业生产过程排放。其中原材料带入排放、辅助材料带入排放和能源消耗排放一般根据活动数据和排放因子计算得到，而工业生产过程排放计算方式较多，下面给出石油化工行业常见装置工艺过程排放计算方法。

工业生产过程排放是指原材料在产品生产过程中除燃烧之外的物理或化学变化产生的温室气体排放，在石油化工行业，工业生产过程排放是指化石燃料和其他碳氢化合物用作原料产生的二氧化碳排放以及硝酸盐使用过程（如石灰石、云白石等用作原料、助溶剂或脱硫剂等）分解产生的二氧化碳。《中国石油化工企业温室气体排放核算方法与报告指南（试行）》规定了工业生产过程排放量计算方法。通常工业生产过程排放因子采用产品含碳量法和碳平衡法计算，含碳量法是根据工业生产过程中单位质量碳排放源的含碳量及碳氧化率得出；碳平衡法是指由进料的碳含量减去出料的碳含量，从而得到生产工艺过程的碳排放量。对于具有可测量的含碳载体的工业过程采用含碳量法，由单位质量含碳载体的含碳量乘以碳氧化率计算出工业生产过程排放量；对于不具可测量含碳载体的工业过程采用碳平衡法。

石油化工企业生产运营边界内涉及的工业生产过程排放装置主要包括：催化裂化装置、催化重整装置、制氢装置、焦化装置、石油焦煅烧装置、乙烯裂解装置、乙二醇/环氧乙烷生产装置等。

1.5.2.1 催化裂化装置

（1）计算公式

催化裂化是石油炼制过程之一，在热能和催化剂的作用下使重质油发生裂化反应，转变为裂化气、汽油和柴油等过程。在催化裂化工艺中，反应的副产物焦炭沉积在催化剂表面上，容易使催化剂失去活性，企业一般采用连续烧焦的方式来清除催化剂表面的结焦。

对连续烧焦而言，烧焦产生的尾气有可能直接排放，也有可能通过CO锅炉完全燃烧后再排放。前一种情况则根据烧焦量计算连续烧焦的CO_2排放量。后一种情况应把烧焦尾气视为一种燃料，按照第1.5.3节中化石燃料排放因子计算烧焦尾气排放因子。公式如下：

$$E_{CO_2-\text{烧焦}}=\sum_{j=1}^{N}\left(WC_j\times CF_j\times OF\times\frac{44}{12}\right) \quad (1\text{-}4)$$

式中 $E_{CO_2-\text{烧焦}}$——催化裂化装置烧焦产生的CO_2排放量，tCO_2/t焦；

j——催化裂化装置序号；

WC_j——第j套催化裂化装置烧焦量，t；

CF_j——第j套催化裂化装置催化剂结焦的平均含碳量，t碳/t焦；

OF——烧焦过程的碳氧化率。

（2）数据的监测与获取

公式中焦层的含碳量CF_j优先推荐采用企业实测数据，如无实测数据可默认焦炭含量为100%，烧焦设备的碳氧化率OF可取缺省值0.98。

1.5.2.2 催化重整装置

（1）计算公式

催化重整是指在一定的温度和压力及催化剂作用下，烃分子发生重新排列，使环烷烃和烷烃转化成芳烃和异构烷烃，生产高辛烷值汽油及轻芳烃（苯、甲苯、二甲苯）的重要石油加工过程，同时也副产氢气、液化气。催化重整工艺中存在催化剂由于结焦失活的情况，需要烧焦再生，烧焦过程存在CO_2的排放。催化重整装置的催化剂烧焦可能由企业自身进行，也可能由专门进行催化剂再生或回收的其他企业进行，由企业自身进行的催化剂烧焦过程应计入主体的工业生产过程排放中。

如果采用连续烧焦方式，可参考烧焦尾气排放因子的计算方法；如果采用间歇烧焦方式，其CO_2排放量可用以下公式计算：

$$E_{CO_2-烧焦} = \sum_{j=1}^{N}\left[MC_j \times (1-CF_{前,j}) \times \left(\frac{CF_{前,j}}{1-CF_{前,j}} - \frac{CF_{后,j}}{1-CF_{后,j}}\right) \times \frac{44}{12}\right] \quad (1\text{–}5)$$

式中 j——催化重整装置序号；

$E_{CO_2-烧焦}$——催化剂间歇烧焦再生导致的CO_2排放量，tCO_2/t焦；

$CF_{前,j}$——第j套催化重整装置再生前催化剂上的含碳量，%；

$CF_{后,j}$——第j套催化重整装置再生后催化剂上的含碳量，%。

（2）数据的监测与获取

企业应在每次烧焦过程中实测催化剂烧焦前及烧焦后的含碳量$CF_{前,j}$及$CF_{后,j}$，烧焦设备的碳氧化率OF可取缺省值0.98。

1.5.2.3 制氢装置

（1）计算公式

石油化工企业通常以天然气、炼油厂干气、轻质油、重油或煤为原料通过烃类蒸汽转化法、部分氧化法或变压吸附法制取氢气。建议统一采用碳质量平衡法计算制氢过程中的工业生产过程CO_2排放量，公式如下：

$$E_{CO_2-制氢} = \sum_{j=1}^{N}\left[AD_{r,j} \times CC_{r,j} - (Q_{sg,j} \times CC_{sg,j} + Q_{w,j} \times CC_{W,j})\right] \times \frac{44}{12} \quad (1\text{–}6)$$

式中 j——制氢装置序号；

$E_{CO_2-制氢}$——制氢装置产生的CO_2排放量，tCO_2；

$AD_{r,j}$——第j个制氢装置原料投入量，t原料；

$CC_{r,j}$——第j个制氢装置原料的平均含碳量，t碳/t原料；

$Q_{sg,j}$——第j个制氢装置产生的合成气的量，万Nm^3合成气；

$CC_{sg,j}$——第j个制氢装置产生的合成气的含碳量，t碳/万Nm^3合成气；

$Q_{w,j}$——第j个制氢装置产生的残渣量，t；

$CC_{W,j}$——第j个制氢装置产生的残渣的含碳量，t碳/t残渣。

（2）数据的监测与获取

公式（1-6）中制氢装置的原料投入量$AD_{r,j}$、合成气产生量$Q_{sg,j}$及残渣产生量$Q_{w,j}$根据企业原始生产记录获得，原料的含碳量$CC_{r,j}$、合成气含碳量$CC_{sg,j}$及残渣含碳量$CC_{w,j}$采用企业实测数据。

1.5.2.4　焦化装置

炼油厂使用的焦化装置可以分为延迟焦化装置、流化焦化装置和灵活焦化装置三种形式。延迟焦化装置不计算工业生产过程排放，其工艺加热炉燃料燃烧的CO_2排放量应按照燃料排放类别计算。流化焦化装置中流化床燃烧器烧除附着在焦炭粒子上的多余焦炭的CO_2排放，可参照本节催化裂化装置连续烧焦排放的计算方法。灵活焦化装置也不计算工业生产过程排放，因为附着在焦炭粒子上的焦炭在气化器中气化生成的低热值燃料气没有直接排放到大气中，该低热值燃料气在燃烧设备中燃烧的排放应按照第1.5.3节中燃料排放量计算。

1.5.2.5　石油焦煅烧装置

（1）计算公式

石油焦含有一定的挥发分，需要进行煅烧。在煅烧过程中，随着挥发分的排出，高分子芳香族碳氢化合物发生复杂的分解与缩聚反应，原料本身体积不断收缩，从而提高原料的密度和机械强度。采用碳质量平衡法来计算石油焦煅烧装置的CO_2排放量：

$$E_{CO_2-煅烧} = \sum_{j=1}^{N}\left[M_{RC,j} \times CC_{RC,j} - (M_{PC,j} + M_{ds,j}) \times CC_{PC,j}\right] \times \frac{44}{12} \quad (1-7)$$

式中　j——石油焦煅烧装置序号；

$E_{CO_2-煅烧}$——石油焦煅烧装置CO_2排放量，tCO_2；

$M_{RC,j}$——进入第j套石油焦煅烧装置的生焦的质量，t；

$CC_{RC,j}$——进入第j套石油焦煅烧装置的生焦的平均含碳量，t碳/t生焦；

$M_{PC,j}$——第j套石油焦煅烧装置产出的石油焦成品的质量，t石油焦；

$M_{ds,j}$——第j套石油焦煅烧装置的粉尘收集系统收集的石油焦粉尘的质量，t粉尘；

$CC_{PC,j}$——第j套石油焦煅烧装置产出的石油焦成品的平均含碳量，t碳/t石油焦。

（2）数据的监测与获取

根据企业台账记录获得进入第j套石油焦煅烧装置生焦的量$M_{RC,j}$，石油焦成品质量$M_{PC,j}$及石油焦粉尘质量$M_{ds,j}$，采用企业实测数据获得含碳量$CC_{RC,j}$及$CC_{PC,j}$。

1.5.2.6　乙烯裂解装置

（1）计算公式

乙烯裂解装置的工业生产过程排放来自炉管内壁结焦后的烧焦排放，CO_2排放量可根据烧焦过程中炉管排气口的气体流量及其中的CO、CO_2浓度确定：

$$E_{CO_2-裂解}=\sum_{j=1}^{N}\left[Q_{wg,j}\times T_j\times(Con_{CO_2,j}+Con_{CO,j})\times 19.7\times 10^{-4}\right] \quad (1-8)$$

式中　j——乙烯裂解装置序号，1，2，3，…，N；

$E_{CO_2-裂解}$——乙烯裂解装置炉管烧焦产生的CO_2排放量，tCO_2/Nm^3；

$Q_{wg,j}$——第j套乙烯裂解装置的炉管烧焦尾气平均流量，需折算成标准状况下的气体体积，Nm^3/h；

T_j——第j套乙烯裂解装置的年累计烧焦时间，h；

$Con_{CO_2,j}$——第j套乙烯裂解装置炉管烧焦尾气中CO_2的体积浓度，%

$Con_{CO,j}$——第j套乙烯裂解装置炉管烧焦尾气中CO的体积浓度，%。

（2）数据的监测与获取

尾气中CO_2及CO浓度根据尾气监测系统气体成分分析仪获取，第j套乙烯裂解装置的年累计烧焦时间H_j根据生产原始记录获取。

如果采用水力或机械清焦，则不需计算该工业生产过程排放。乙烯裂解反应尾气通常被回收利用，例如作为燃料气在裂解炉炉膛中燃烧，燃烧产生的CO_2排放应按照第1.5.3节中燃料燃烧排放量计算。

1.5.2.7　乙二醇/环氧乙烷生产装置

（1）计算公式

以乙烯为原料氧化生产乙二醇工艺过程中，乙烯氧化生成环氧乙烷会产生CO_2排放，排放量可采用碳质量平衡法进行计算：

$$E_{CO_2-乙二醇}=\sum_{j=1}^{N}\left[(RE_j\times REC_j-EO_j\times EOC_j)\times\frac{44}{12}\right] \quad (1-9)$$

式中　$E_{CO_2-乙二醇}$——乙二醇生产装置CO_2排放量，tCO_2；

j——企业乙二醇生产装置序号，1，2，3，…，N；

RE_j——第j套乙二醇装置乙烯原料用量，t；

REC_j——第j套乙二醇装置乙烯原料的含碳量，t碳/t乙烯；

EO_j——第j套乙二醇装置的当量环氧乙烷产品产量，t；

EOC_j——第j套乙二醇装置环氧乙烷的含碳量，t碳/t环氧乙烷。

（2）数据的监测与获取

公式（1–9）中乙烯原料消耗量RE_j及产品产量EO_j根据企业原始生产记录或企业台账记录获取。乙烯原料、环氧乙烷产品的含碳量可以根据物质成分或纯度以及每种物质的化学分子式和碳原子的数目来计算。

1.5.2.8　其他产品生产装置

炼油与石油化工生产涉及的产品领域比较广泛，生产过程中的CO_2排放源主要是燃料燃烧，个别化工产品生产过程还可能会产生工业生产过程排放，如甲醇、二氯乙烷、醋酸乙烯、丙烯醇、丙烯腈、炭黑等，这些产品的工业生产过程CO_2排放采用碳质量平衡法进行计算，其中作为生产原料的CO_2也应计入原料投入量，在此不再赘述。

（1）计算公式

$$E_{CO_2-其他}=\left\{\sum_{r}(AD_r\times CC_r)-\left[\sum_{p}(Y_p\times CC_p)+\sum_{w}(Q_w\times CC_w)\right]\right\}\times\frac{44}{12}\quad(1\text{–}10)$$

式中　$E_{CO_2-其他}$——某个其他产品生产装置CO_2排放量，tCO_2；

AD_r——该装置生产原料r的投入量，对固体或液体原料以t为单位，对气体原料以万Nm^3为单位；

CC_r——原料r的含碳量，对固体或液体原料以t碳/t原料为单位，对气体原料以t碳/万Nm^3为单位；

Y_p——该装置产出的产品p的产量，对固体或液体产品以t为单位，对气体产品以万Nm^3为单位；

CC_p——产品p的含碳量，对固体或液体产品以t碳/t产品为单位，对气体产品以t碳/万Nm^3为单位；

Q_w——该装置产出的各种含碳废弃物的量，t；

CC_w——含碳废弃物w的含碳量，t碳/t废弃物。

（2）数据的监测与获取

其他产品生产装置的原料投入量、产品产出量、废弃物产出量均根据企业台账记录获得。对原料、产品及废弃物的含碳量，有条件的企业应自行或委托有资质的专业机构定期检测各种原料和产品的含碳量。无实测条件的企业，对于纯物质可基于化学分子式及碳原子的数目、相对分子质量计算含碳量，对其他物质可参考行业标准或相关文献取值[31]。

1.5.3 排放因子

排放因子表示量化单位活动水平温室气体排放量的系数。排放因子通常是基于抽样测量或统计分析获得的，表示在给定操作条件下某一活动水平的代表性排放率[31]。

国际上现有的产品碳足迹核算标准ISO 14067和PAS 2050对排放因子做了相关规定，ISO 14067标准定义排放因子为与温室气体排放相关的活动数据系数，且将其称作特定站点数据，规定特定站点数据可以从特定站点收集，也可以是正在研究的流程中所有站点的平均值，只要结果特定于产品生命周期过程，就可以对其进行测量或建模[3]。PAS 2050标准将排放因子归为次级活动数据，对于燃料排放因子，应使用能源输入平均排放因子（如kgCO_2e/kg燃料、kgCO_2e/MJ），电力和热力通常由大的能源传输系统提供，外购电力和热力排放因子应尽可能使用具体针对该产品系统的次级数据（如用国家电力供应的平均排放因子）[27]。

国内尚无碳足迹核算标准，但现有碳排放核算标准涉及排放因子，因此碳足迹核算中用到的排放因子可参考碳排放标准中相关内容。例如，石油化工行业碳排放标准《中国石油天然气生产企业温室气体排放核算方法与报告指南（试行）》和《中国石油化工企业温室气体排放核算方法与报告指南（试行）》均对燃料、电力和热力消耗的排放因子作了说明。下面给出石油化工行业常用能耗工质排放因子计算方法。

1.5.3.1 化石燃料CO_2排放因子

燃料燃烧CO_2排放主要指石油化工生产中化石燃料用于动力或热力供应的燃烧过程产生的CO_2排放[31]。

燃料燃烧CO_2排放因子按照《中国石油化工企业温室气体排放核算方法与报告指南（试行）》规定执行，反映了燃料的含碳量。

（1）计算公式

化石燃料CO_2排放因子采用燃料含碳量和碳氧化率相乘得到：

$$EF_i = CC_i \times OF_i \times \frac{44}{12} \tag{1–11}$$

式中　i——化石燃料的种类；

CC_i——化石燃料i的含碳量，对固体和液体燃料以t碳/t燃料为单位，对气体燃料以t碳/万Nm^3为单位；

OF_i——燃烧的化石燃料i的碳氧化率，取值范围为0~1。

（2）数据的监测与获取

1）化石燃料含碳量

有条件的企业可自行或委托有资质的专业机构定期检测燃料的含碳量，燃料含碳量的测定应遵循GB/T 476—2008《煤中碳和氢的测量方法》、SH/T 0656—1998《石油产品及润滑剂中碳、氢、氮测定法（元素分析仪法）》、GB/T 13610—2016《天然气的组成分析 气相色谱法》、GB/T 8984—2008《气体中一氧化碳、二氧化碳和碳氢化合物的测定 气相色谱法》等相关标准，其中对煤炭应在每批次燃料入厂时或每月至少进行一次检测，并根据燃料入厂量或月消费量加权平均作为该煤种的含碳量；对油品可在每批次燃料入厂时或每季度进行一次检测，取算术平均值作为该油品的含碳量；对天然气等气体燃料可在每批次燃料入厂时或每半年至少检测一次气体组分，然后根据每种气体组分的体积浓度及该组分化学分子式中碳原子的数目计算含碳量：

$$CC_{\mathrm{g}} = \sum\nolimits_{1}^{N} \left(\frac{12 \times CN_j \times V_j}{22.4} \times 10 \right) \tag{1-12}$$

式中　CC_{g}——待测气体g的含碳量，t碳/万Nm^3；

j——待测气体的各种气体组分；

V_j——待测气体每种气体组分j的体积浓度，取值范围0~1；

CN_j——气体组分j化学分子式中碳原子的数目；

12——碳的摩尔质量，kg/kmol；

22.4——标准状况下理想气体摩尔体积，Nm^3/kmol。

2）对常见商品燃料也可定期检测燃料的低位发热量

用公式（1-13）估算燃料的含碳量：

$$CC_i = NCV_i \times EF_i \tag{1-13}$$

式中　CC_i——化石燃料品种i的含碳量，对固体和液体燃料以t碳/t燃料为单位，对气体燃料以t碳/万Nm^3为单位；

NCV_i——化石燃料品种i的低位发热量，对固体和液体燃料以GJ/t为单位，对气体燃料以GJ/万Nm^3为单位；

EF_i——化石燃料品种i的单位热值含碳量，t碳/GJ，常见商品能源的单位热值含碳量参见表1-4。

燃料低位发热量的测定应遵循GB/T 213《煤的发热量测定方法》、GB/T 384《石油产品热值测定法》、GB/T 22723《天然气能量的测定》等相关标准。没有条件实测化石燃料低位发热量的企业可以参考表1-4，直接取缺省值。

2）燃料碳氧化率

指燃料中的碳在燃烧过程被氧化的比率，表征燃料燃烧的充分性。液体燃料的碳氧化率可取缺省值0.98，气体燃料的碳氧化率可取缺省值0.99，固体燃料可参考表1-4按品种取缺省值。

表 1-4　常见化石燃料排放因子

燃料品种		低位发热量[①]	单位热值含碳量[②]/（t碳/GJ）	燃料碳氧化率[③]	排放因子/（tCO_2/t）
固体燃料	无烟煤*	20.304GJ/t	0.02749	0.94	1.9238
	烟煤*	19.57GJ/t	0.02618	0.93	1.7471
	褐煤*	14.08GJ/t	0.028	0.96	1.3877
	洗精煤*	26.334GJ/t	0.0254	0.93	2.2809
	其他洗煤*	8.363GJ/t	0.0254	0.90	0.7010
	型煤	17.46GJ/t	0.0336	0.90	1.9360
	焦炭	28.447GJ/t	0.0294	0.93	2.8519
液体燃料	原油	42.62GJ/t	0.0201	0.98	3.0783
	燃料油	40.19GJ/t	0.0211	0.98	3.0472
	汽油	44.8GJ/t	0.0189	0.98	3.0425
	柴油	43.33GJ/t	0.0202	0.98	3.1451
	一般煤油	44.75GJ/t	0.0196	0.98	3.1517
	石油焦	31.998GJ/t	0.0275	0.98	3.1619
	其他石油制品	41.031GJ/t	0.02	0.98	2.9488
	焦油	33.453GJ/t	0.022	0.98	2.6446
	粗苯	41.816GJ/t	0.0227	0.98	3.4109

续表

燃料品种		低位发热量[1]	单位热值含碳量[2]/（t碳/GJ）	燃料碳氧化率[3]	排放因子/（tCO_2/t）
气体燃料	炼油厂干气	46.05GJ/t	0.0182	0.99	3.0423
	液化石油气	47.31GJ/t	0.0172	0.99	2.9538
	液化天然气	41.868GJ/t	0.0172	0.99	2.6141
	天然气	389.31GJ/万Nm^3	0.0153	0.99	3.0453
	焦炉煤气	173.54GJ/万Nm^3	0.0136	0.99	8.5673
	高炉煤气	33GJ/万Nm^3	0.0708	0.99	8.4811
	转炉煤气	84GJ/万Nm^3	0.0496	0.99	15.1240
	密闭电石炉炉气	111.19GJ/万Nm^3	0.03951	0.99	15.9470
	其他煤气	52.34GJ/万Nm^3	0.0122	0.99	2.3179

注：*基于空气干燥基。

数据来源：①低位发热量：《中国能源统计年鉴2012》《2005年中国温室气体清单研究》；②单位热值含碳量：《2006年IPCC国家温室气体清单指南》《省级温室气体清单指南（试行）》；③碳氧化率：《省级温室气体清单指南（试行）》。

1.5.3.2 净购入电力的CO_2排放因子

净购入电力隐含的CO_2排放实际上发生在生产这些电力的企业，但由消费主体的生产活动引起，因此排放量一般计入消费主体名下。

PAS 2050标准规定，通过大型能源传输系统提供的电力，应使用尽可能具体针对该产品系统的次级数据，如用电国家电力供应的平均排放因子。《中国石油天然气生产企业温室气体排放核算方法与报告指南（试行）》和《中国石油化工企业温室气体排放核算方法与报告指南（试行）》规定，电力供应的CO_2排放因子等于企业生产场地所属区域电网的平均供电CO_2排放因子，应根据主管部门最新发布的数据进行取值。根据我国生态环境部最新发布的《关于做好2022年企业温室气体排放报告管理相关重点工作的通知》规定，全国电网平均排放因子为$0.5703tCO_2/MW \cdot h$。

1.5.3.3 净购入热力的CO_2排放因子

与电力排放因子相同，净购入热力隐含的CO_2排放实际上发生在生产这些热力的企业，但由消费主体的生产活动引起，因此排放量一般计入消费主体名下。

PAS 2050标准中规定，通过大型能源传输系统提供的热力，应使用尽可能具体针对该产品系统的次级数据。

《中国石油天然气生产企业温室气体排放核算方法与报告指南（试行）》和《中国石油化工企业温室气体排放核算方法与报告指南（试行）》规定，热力供应的CO_2排放因子应优先采用供热单位提供的CO_2排放因子，不能提供则按0.11tCO_2/GJ计算。

（1）计算公式

蒸汽排放因子由蒸汽热值与蒸汽热值排放因子相乘得到：

$$EF_{蒸汽}=AD_{蒸汽}\times 0.11 \tag{1-14}$$

式中 $EF_{蒸汽}$——蒸汽的排放因子，tCO_2/t；

$AD_{蒸汽}$——蒸汽的热值，GJ；

0.11——默认蒸汽热值排放因子，tCO_2/GJ。

石油化工行业常用蒸汽热值及排放因子参见表1-5。

表 1-5 蒸汽热值及排放因子

蒸汽等级	热值/GJ	排放因子/（tCO_2/t）	备注
10.0MPa级蒸汽	3.852	0.42372	7.0MPa≤P
5.0 MPa级蒸汽	3.768	0.41448	4.5MPa≤P<7.0MPa
3.5 MPa级蒸汽	3.684	0.40524	3.0MPa≤P<4.5MPa
2.5 MPa级蒸汽	3.559	0.39149	2.0MPa≤P<3.0MPa
1.5 MPa级蒸汽	3.349	0.36839	1.2MPa≤P<2.0MPa
1.0 MPa级蒸汽	3.182	0.35002	0.8MPa≤P<1.2MPa
0.7 MPa级蒸汽	3.014	0.33154	0.6MPa≤P<0.8MPa
0.3 MPa级蒸汽	2.763	0.30393	0.3MPa≤P<0.6MPa
<0.3MPa级蒸汽	2.303	0.25333	—

（2）数据的检测与获取

各等级蒸汽热值根据蒸汽折标油量与标油热值相乘得到，蒸汽折标油量及标油热值数据取自GB/T 50441—2016《石油化工设计能耗计算标准》，0.11 tCO_2/GJ为蒸汽热值排放量，为燃煤和燃气供热基准值的加权平均值。

1.5.3.4　其他能耗工质排放因子

目前没有标准规定石油化工行业其余能耗工质，包括各种水工质、净化风、非净化风和氮气等的排放因子。现在计算过程中用到的其他能耗工质排放因子计算方法采用折标煤法，即通过热值将水工质、净化风、非净化风和氮气折算为标煤量，再乘以标煤排放因子得到水工质、净化风、非净化风和氮气排放因子。另外，其他能耗工质排放因子也可根据企业生产这些能耗工质实际耗能量进行计算，这种做法更符合企业生产实际，更能凸显企业节能低碳水平。其他能耗工质计算公式如下：

$$EF_i = C_i \times EF_{标煤} \tag{1-15}$$

式中　EF_i——水工质、净化风、非净化风和氮气的排放因子，$kgCO_2/t$或$kgCO_2/Nm^3$；

C_i——水工质、净化风、非净化风和氮气的能源折算值（折标煤），见表1-6；

$EF_{标煤}$——标煤的排放因子，tCO_2/t。

根据以上公式，计算得出水工质、净化风、非净化风和氮气排放因子见表1-6。

表 1-6　其他能耗工质 CO_2 排放因子

能耗工质	单位	能源折算值/kg标油	能源折算值/kg标煤	排放因子/（$kgCO_2/t$）
标准煤	t	700	1000	2458.8
新鲜水	t	0.15	0.215	0.528
循环水	t	0.06	0.086	0.211
软化水	t	0.2	0.286	0.703
除盐水	t	1.0	1.430	3.517
除氧水	t	6.5	9.297	22.860

续表

能耗工质	单位	能源折算值/kg标油	能源折算值/kg标煤	排放因子/（$kgCO_2/t$）
净化压缩空气	Nm^3	0.038	0.054	0.134
非净化压缩空气	Nm^3	0.028	0.040	0.098
氮气	Nm^3	0.150	0.215	0.528

能耗工质标油折算值取自GB/T 50441—2016《石油化工设计能耗计算标准》。标煤排放因子由标煤热值和标煤热值排放因子计算而得，为2458.8 $kgCO_2/t$。标煤热值取自GB/T 50441—2016《石油化工设计能耗计算标准》，标煤热值排放因子取自SH/T 5000—2011《石油化工生产企业CO_2排放量计算方法》。

参考文献

[1] Broecker W S. Climatic change: are we on the brink of a pronounced global warming？[J] Science，1975，189(4201)：460–463.

[2] 马占云，任佳雪，陈海涛，等. IPCC第一工作组评估报告分析及建议[J].环境科学研究，2022，35(11)：2550–2558.

[3] 习近平. 在第七十五届联合国大会一般性辩论上的讲话[N]. 人民日报，2020-09-23(003).

[4] 中华人民共和国2021年国民经济和社会发展统计公报[EB/OL]. [2022-03-15].https://www.gov.cn/xinwen/2022-02/28/content_5676015.htm.

[5] Lin Jintai，Tong Dan，Steven Davis，et al. Global climate forcing of aerosols embodied in international trade[J]. Nature Geoscience，2016，9(10)：790–794.

[6] 司云云. 化工类企业碳足迹研究[D].上海：上海交通大学，2019.

[7] BP. What is a carbon footprint ？ British Petroleum[EB/OL].http：//www.bp.com/liveassets/bp-intrenet/globalbp/，2007.

[8] Energetics. The Reality of Carbon Neutrality[R].Energetics Pty Ltd，2007.

[9] Hammond G. Time to give due weight to the carbon footprint issue [J]. Nature，2007，445(7125)：256.

[10] WRI/WBCSD. The greenhouse gas rotocol：a corporate accouting and reporting

standard: revised edition[EB/OL].http://www.ghgprotocol.org.
[11] Carbon Trust. Carbon Footprint Measurement Methodology[R].1.1 edition, 2007.
[12] POST. Carbon Footprint of Electricity Generation[R]. Parliamentary Office of Science and Technology, 2006.
[13] Wiedmann T. A Review of Recent Multi-region Input-output Models Used for Consumption-based Emission and Resource Accounting[J]. Ecological Economics, 2009, 69(2): 211-222.
[14] GFN. Ecological Footprint Glossary[R]. Global Footprint Network, Oakland. CA. USA, 2007.
[15] IPCC.IPCC guidelines for national greenhouse gas inventories[J].National Greenhouse Gas Inventories Programme(IGES), 2006.
[16] International organization for standardization(ISO). ISO 14067: carbon footprint of products[EB/OL].http://www.iso.org.
[17] BSI, Carbon Trust, Defra, etc. PAS 2050: specification for the assessment of the life cycle greenhouse gas emissions of goods and services[EB/OL].http://shop.bsigroup.com/en/Browse-by-Sector//Energy-Utilities/PAS-2050/.
[18] 国家发展和改革委员会应对气候变化司.省级温室气体清单编制指南编写组.省级温室气体清单编写指南(试行)[R].北京, 2010.
[19] 耿涌, 董会娟, 郗凤明, 等. 应对气候变化的碳足迹研究综述[J].中国人口·资源与环境, 2010, 20(10): 6-12.
[20] 秦于茜. 水泥产品碳足迹核算研究[D].西安: 西安理工大学, 2020.
[21] 世界资源研究所, 世界可持续发展工商理事会. 温室气体核算体系: 产品生命周期核算与报告标准[M].北京: 中国标准出版社, 2013.
[22] Leontief W. Input-output Economics [M]. New York: Oxford University Press, 1986.
[23] Wiedmann T., Minx J. A Definition of "Carbon Footprint" [M]. Ecological Economics Research Trends, Pertsova C C, New York: Nova Science Publishers, 2008.
[24] 童庆蒙, 沈雪, 张露, 等. 基于生命周期评价法的碳足迹核算体系: 国际标准与实践[J].华中农业大学学报: 社会科学版, 2018(1): 46-57, 158.
[25] 国际标准化组织. ISO 14044-2006: 环境管理-产品寿命周期评价.要求和导则[S].欧洲标准学会, 2006.

[26] 李楠. 产品碳足迹标准对比及其供应链上的影响研究[D]. 北京：北京林业大学，2019.

[27] British Standards Institution. Publicly Available Specification (PAS) 2050 – Specification for the assessment of the life cycle greenhouse gas emissions of goods and services[EB/OL]. http://www.bsigroup.com/PAS2050.PAS，2011.

[28] 国家标准化组织. ISO14067：2018产品碳足迹–量化要求及指南 [S]. 2018.

[29] 邱岳进，李东明，曹孝文，等. 产品碳足迹评价标准比较分析[J]. 合作经济与科技，2016，10：138–140.

[30] 国家发展和改革委员会. 中国石油天然气生产企业温室气体排放核算方法与报告指南(试行)[S]. 北京：2014.

第二章

国内外典型行业碳足迹评价

2.1 国外典型行业碳足迹评价

2.1.1 国外电子信息行业碳足迹评价

21世纪以来，全球范围内的电子信息行业高速发展，电子信息产品和服务在当今社会中发挥着越来越重要的作用，电子信息制造业具有原材料多样化、制造流程复杂、精细化程度高等特点，是典型的高污染、高排放的行业。因此，对电子信息行业开展碳足迹评价工作具有重要意义。

碳足迹核算能够帮助企业或组织识别碳排放量较大的环节或阶段，从而对资源浪费较为严重的环节进行诊断，通过降低资源消耗或废物回收利用等方式以优化节省资源和降低成本。美国消费电子协会（Consumer Electronics Association）的一项调查表明，电子信息企业如果进行碳足迹核算与评价并采取相应的减排措施，可以减少5%~25%的电力消费。欧洲环境毒理学和化学学会（Society of Environmental Toxicology and Chemistry Europe）生命周期指导委员会强调，通过碳足迹评价结果指导计算碳排放数据是至关重要的，根据碳足迹评价结果制定解决方案并采取行动，减少温室气体排放是电子产品制造商应承担的责任。碳足迹评价可以让企业了解如何通过改变产品原材料的生命周期提高产品的可持续性，例如联想公司从报废产品中回收塑料、金、银等材料用于新产品中，黄金系列显示器中有25%的材料来自再生材料。在立法强制企业实施碳足迹评价前，企业也可以将碳足迹评价作为一种营销策略，苹果公司在营销活动中声称，其2012年生产的迷你系列电脑与2007年相比，温室气体排放量减少了49%[1]。

就电子产品的整个供应链而言，产品碳足迹主要由供应、生产、销售、使用及回收处理等阶段组成，包括每个阶段的活动直接和间接产生的二氧化碳排放量。供应、生产、销售阶段的碳足迹主要是由存储、生产转化、运输3项基本活动组成的，活动中排放的二氧化碳量是根据这3项活动实际消耗的能源折算而得的[2]；使用阶段的碳足迹与产品正常使用寿命及使用节点单元能耗相关；回收处理阶段碳足迹是根据拆卸及回收过程中所消耗的能源计算而得的[3]。

日本富士公司对旗下的台式电脑（型号：ESPRIMO E9900）和服务器（型号：TX300/RX300 S5）进行碳足迹核算研究，目的是衡量两种产品对环境的影响，并通过公开供应链数据实现产品生产的透明，向客户展示产品的优越性。碳足迹核算包括鼠标、键盘、使用手册和包装，范围包括原料获取、组装、分配、使用和处置的全生命周期。在原料获取、组装和分配阶段，组织边界考虑企业控制范围内的过程排放，这些阶段的碳足迹核算根据相关参数是易于实现的。在使用和处置阶段做出了特定的假设，例如假设台式机和服务器的使用寿命是5年，平均每年的电耗为114 kW。在处置或回收利用阶段，假设回收率大于90%，所有回收的产品是在使用5年后回收的，并且没有回收的组件转售。对于此次研究，生产数据可以从企业生产过程中获得，碳足迹核算中特定的假设考虑了上游供应商的影响，排放因子借鉴了生命周期评价数据库数据，评价范围内所有的温室气体种类都计入了核算。对两种产品的生命周期碳足迹数据进行了量化，结果显示产品在使用过程中碳足迹数据占比较大，服务器在使用过程中的碳足迹占到生命周期碳足迹总量的85%，而台式电脑的原料获取阶段和使用阶段的碳足迹占比分别为50%和35%[4]。

就信息技术服务业而言，主要通过两个方面直接产生二氧化碳排放：一个方面是维持数据中心运转，另一个方面是发展互联网经济。数据中心是大数据、云计算系统、互联网运行的基础设施，也是互联网的“心脏”，是其碳足迹的主要来源。数据中心需要大量电力维持服务器、储存设备、备份装置、冷却系统等基础设施运行。大多数服务器需要在低于26.6℃的环境下运行，因此在传统数据中心，冷却系统最多可占总用电量的40%[5]。以具体企业数据中心的碳足迹为例，2019年Facebook公司运营中82.5%的碳排放来自数据中心，2015年甚至高达94%。美国一项研究显示，受益于多租户的使用模式，大型数据中心可以更加高效地处理数据，其1台服务器约等于3.75台传统数据中心服务器的处理效率。假若将美国小型数据中心80%的服务器迁移至大型数据中心，可降低约25%的能耗。数据中心的耗电量并没有和数据规模呈同步增长的趋势，效率的提高使得能耗几乎保持不变。

谷歌公司在《谷歌环境报告（2020）》中承诺，到2030年力争实现自身“全天候无碳能源运营”。互联网已经成为人们生活的必需品，根据谷歌之前的数据，在谷歌每搜索一次产生的碳足迹是0.2 g，主要排放来自支撑互联网平台的数据中心。在能效技术方面，谷歌通过自研和运用AI技术来发展能效技术，谷歌在降低数据中心能耗、优化数据中心冷却系统、数据中心感应冷却等方面进行了技术布局。在投资可再生能源方面，谷歌于2019年开始全面通过循环经济降低碳排放，且逐步向可再生能源转型，计划在2030年完成可再生能源转型，实现零碳排放。2019年9月谷歌还宣布通过18个独立合同在全球采购1.6 GW可再生能源发电的计划。

苹果公司也已经宣布到2030年在整个业务、制造业供应链和产品生命周期中实现100%碳中和，具体目标为在2030年前减少75%碳排放，同时为剩余25%的碳排放开发创新型减碳解决方案。未来十年，苹果公司将通过低碳产品设计、不断提高能效、使用可再生能源、工艺和材料创新，以及碳去除等一系列创新行动来降低产品碳排放。苹果公司致力于通过建立碳中和的产品供应链来降低碳排放，2019年苹果公司的碳排放量为2510万t，大部分来自产品的生产、流通和使用。苹果公司自2009年起开始披露iPhone产品的环境报告，并公布不同机型手机的碳足迹。近年来推出的iPhone11~13同类机型产品的碳足迹有明显下降，其中，一部iPhone13（64 $kgCO_2$）相比iPhone6（95 $kgCO_2$）产品碳足迹下降约33%。按照生命周期对iPhone产品不同阶段碳排放进行细分，生产环节碳排放占比较高，超过81%，碳排放主要包括原材料（金属和稀土）采掘及制造，使用环节碳排放占比约16%。根据《2020苹果环境责任报告》，苹果公司在逐步建立碳中和的产品供应链，iPhone11系列手机是首个通过100%再生稀土元素制造触感引擎的手机产品，MacBook Air电脑也有40%的材料使用了再生材料[6]。

电子信息行业碳足迹评价存在较大挑战的原因之一是产品有可能涉及多级供应商，在进行碳足迹核算时应考虑产品供应链的温室气体排放，确定系统边界与核算范围，以提高电子信息产品碳足迹核算的完整性和准确性。

2.1.2 国外交通运输行业碳足迹评价

交通运输业机动化的飞速发展，给能源供给、环境保护带来了巨大压力。交通运输项目的建设规模较大、使用寿命较长，对资源和能源的大量消耗会排放大量的温室气体，对交通运输过程中的温室气体排放加大控制力度具有重要意义[7]。国际上大部分城市的交通碳排放量约占其年度碳排放总量的1/4[8]，控制交通碳排放成为国际大城市实现碳中和所面临的共同挑战。总体上看，近十年来城市交通碳排放总量略有减少。从交通碳排放的结构看，道路交通是交通碳排放的主要来源，因此道路交通碳减排是改善空气质量的关键因素，也是国际大城市制定能源与气候等方面的战略及规划的依据。通过开展交通运输业碳足迹评价研究，发展低碳城市交通模式，有利于缓解交通运输业机动化飞速发展产生的环境影响。

国外学者在交通能源消耗与碳排放测算、交通碳排放影响因素分析以及城市交通减排治理方案等方面取得了较为丰富的研究成果。

在交通能源消耗与碳排放测算方面，IPCC提出，能源、工业等部门碳排放量可以通过活动数据与碳排放系数的乘积计算[9,10]，在系统识别交通运输过程中碳排放源的基础上，可以进一步计算交通运输碳排放量。国际上常用的交通运输过程碳排放测算方法主要分为“自上而下”和“自下而上”两种方法。自上而下的方法又称终端消费侧计算法，是用城市各类能源的消耗总量乘以对应的碳排放系数得到区域内的碳排放总量，这种方法是传统的碳排放测算方法，同时适用于全行业的碳排放测算。自下而上的方法是基于“活动–交通方式比重–密度–油耗”的思想[11]，根据能源对碳排放的转换系数和转换公式，用所要研究国家或区域的交通部门各种交通方式的车辆里程数、保有量、单位行驶里程能源消耗量计算得到燃料消费总量，然后乘以能源的CO_2排放系数得到交通部门的碳排放量[12]。在计算交通运输行业碳排放中通常采用低排放分析模型（the Low Emissions Analysis Platform, LEAP），该模型由美国波士顿大学和斯德哥尔摩环境研究所共同开发，采用“自下而上”的方法，根据终端工业能源使用的不同情况设置不同的场景。通过各部门的活动水平和最终能源强度，结合IPCC发布的温室气体排放因子，可预测和分析未来的部门能源需求和大气污染物排放。由于LEAP模型具有灵活的结构，其在国家和区域层面被广泛用于通过情景分析预测能源需求和碳排放[13]。

在交通排放的影响因素分析方面，交通运输碳排放是一个开放的非线性复杂系统，必然会受到各种因素的综合干扰，主要应用模型法和因素分解法研究内容包括经济、人口、能源结构等不同因素对交通排放的影响。有学者通过对数平均迪氏指数法（Logarithmic Mean Divisia Index，LMDI）对1960年至2001年46座城市CO_2排放情况进行了分析，量化了人口、能源强度、能源结构、人均出行距离等对CO_2排放变化的贡献程度，得出城市化效应和机动化效应对碳排放增长的影响较大，而对碳排放起到抑制作用的因素是公共交通份额的提高和人均出行距离的减少[14]。

在城市交通减排治理方案方面，国外研究起步较早，主要运用计量经济学模型、计算机仿真和情景分析法研究了不同交通减排治理方案的效果。IPCC研究显示，交通碳排放主要是由各种交通工具的尾气排放产生，交通尾气排放中碳排放的主要方式由CO_2的形式排出，燃料中部分碳会以CO、甲烷以及非甲烷挥发性有机化合物排放，但最终会在大气中形成CO_2，在进行城市交通碳足迹研究时主要考虑城市交通CO_2排放测算[15]。有学者建立了交通减排政策的多智能体仿真模型，包括家庭、货主、运输企业和燃料公司等多个主体，以德国为例评估了不同交通政策对减排的效果[8]。有学者建立了城市交通碳排放仿真模型，模拟了采用低排放车辆、替代燃料、定价制度、公共交通等政策的效用，认为实现二氧化碳减排目标需要在广泛的政策机制中采取更有效的行动[16]。

除了城市交通领域碳排放控制面临较大压力，急需加快推进绿色低碳转型发展外，航空运输业的快速发展导致碳排放量不断增加，国际航空业相关组织也在积极探索碳减排方法与机制。2016年10月6日，第39届国际民航组织大会通过了一项全球基于市场的措施方案，以解决国际航空的二氧化碳排放问题。国际民航组织协议表明，航空业决心履行其承诺，并在实现国际减排目标方面发挥作用。国际民航组织制定的计划是一项全球性的补偿机制，称为“国际航空业碳抵消与减排机制”（Carbon Offset and Reduction Scheme for International Aviation, CORSIA）。该计划旨在帮助解决国际民用航空业的二氧化碳排放总量在2020年之后达到有效控制[17]。

CORSIA的核心要求之一是受到管制的航空公司应根据其在2019~2020年基数之上的新增实际排放量提交相应的合格排放单位（Eligible Emissions Units），以实现2020年后的碳中和增长目标。合格排放单位代表了持有者可向大气环境排放一定数量温室气体的权利，这种权利来自政府或相关机关的认定。从广义上讲，可用于抵消的减排单位来自两种途径：一是政府基于国内碳排放交易体系的需要而向控排单位发放的排放配额，如企业在欧盟、中国等碳市场免费或有偿获得的配额；二是政府或特定机构基于特定减排项目而发放的排放许可或减排信用，如基于清洁发展机制（Carbon Development Mechanism, CDM）项目而获得联合国认证的核证减排量（Certified Emission Reduction, CER）。国际民航组织框架下的排放单位是一种获得政府或特定机构认证的排放许可或减排信用，表明持有者通过项目建设减少了一定数量的温室气体的排放。这种排放单位具有经济属性，可在特定的范围进行流通和转让。一旦航空公司在市场上购买并向政府提交了相应数量的排放单位，则它在上一年度的实际排放量就具有了合规性，或者说它已经通过“投资减排项目”而履行了特定的减排义务，从而抵消了其实际排放量[18]，因此碳足迹核算在CORSIA中具有重要作用。

在碳足迹实际应用方面，国外学者也取得了相应的成果。英国特易购（Tesco）从2008年4月开始在20种商品上进行试点，在空运的商品上加注飞机的小标识，表明空运在商品的生命周期中是主要的温室气体排放来源之一[19]。有学者基于低碳思想研发的“绿色”路径导航系统环境，为出行者提供更加低碳的出行路线和方式。根据IPCC法并加以改进确保更加准确地反映使用者的碳排放，并将此模型写入手机内，利用手机根据出行者选择的不同交通方式来反馈他们的碳足迹，通过手机写入程序开发了移动GPS系统——Eco Drive：主要根据出行方式选择的不同来测算其碳排放，在为使用者提供绿色出行选择时，更多的是为使用者提供能源利用率更高的路线以及相应的公共交通[20]。有学者在碳足迹研究的基础之上，借鉴IPCC碳足迹测算方法制作出碳足迹测算工具（CFET），对道路和交通基础设施相关的建设项目排放的温室气体（GHG）和其他空气污染物进行评估。该工具考虑了建设项目“从摇篮到坟墓”的所有阶段，包括造林产生的偏移，以及近期和未来的温室气体排放政策，提供了一个较为全面的工程项目碳排放测算方法[21]。

2.1.3 国外建筑行业碳足迹评价

根据IPCC研究统计，建筑业已经和工业、交通并列为全球三大温室气体排放源，其温室气体排放约占全球温室气体排放总量的36%[22]。由于建筑的结构类型、材料种类和使用功能的区别，不同建筑在建造施工和使用过程中产生的碳排放存在较大差异，建筑行业在碳减排方面具有较大的潜力，国外许多政府部门、组织、专家学者对建筑行业碳足迹评价标准、应用模型、建筑全生命周期不同阶段碳足迹等方面进行了深入细致的研究工作。麦肯锡全球研究所关于节能的一项研究指出，降低温室气体排放最具成本效益的五项措施中，建筑节能减排措施就占了四项，包括建筑物的保温隔热系统、照明系统、空调系统以及热水系统[23]，可见建筑领域也是碳减排成本相对较低的领域。因此，开展建筑业碳足迹评价研究对减少温室气体排放具有重要意义。

国际建筑全生命周期碳足迹评价标准体系经历了近20年的发展过程，目前有近30个相关标准。根据标准间的逻辑关系可分为环境标志、生命周期评估、温室气体核算和建筑生命周期碳足迹评价四个层级[24]。其中，前三个层级分别为建筑全生命周期评价标准的制定提供了宏观理论指导、方法步骤和应用范例，但它们主要是产品与组织的碳排放国际标准，建筑物并非标准化、大量生产的产品，因此，建筑全生命周期评价必须基于特定的标准来进行。建筑全生命周期碳排放的国际标准是在环境宣言、生命周期评估、温室气体和产品全生命周期碳排放标准的基础上发展而来的。2017年修订后的规范新增了建筑核心体系的产品类别规则和应用于建筑产品子类的产品分类规则、技术数据文件编制框架和情境发展原则、更详细的生命周期系统边界、生物成因碳、生物碳汇、碳酸化的核算和报告方式及放射性废弃物的强制报告，是制定建筑产品或服务环境宣言的范本，也是第一部建筑工程专用的产品或服务环境负荷评估细则。国外一些政府或组织出于可持续建筑的评估、推广需要，根据评估客体的不同和实际需求，通过对建筑材料清单数据的基础调查研究，形成了相应的碳足迹因子数据库和一系列建筑产品碳足迹评价工具[25]。

联合国环境规划署于2006年联合世界多家研究机构开展了建筑物通用碳排放计量的研究——碳排放通用指标（Common Carbon Metrics），主要目的是为国际机构、政府、大型建筑群的持有者的政策制定提供一种针对既有建筑运营阶段碳排放的通用计算方法，通过计算其能耗和碳排放，评估各个国家的碳减排潜力，为政策的制定提供技术依据，确保在节能减排政策的执行过程中，相关指标可计量、可报告、可验证。主要的技术手段为统计实际建筑物的能耗，通过不同的碳排放因子将其折算为当量碳排放[26]。此研究成果提供了针对单体建筑及国家、城市和地区级建筑群的2种计算方法。不同国家和地区需要首先从政府部门、能源供应商处获得相关基础数据，然后将建筑物按照地址进行分类，将建筑按建造年代、建筑面积和使用人数进行分类，再将气候区的差异通过供暖度日数和供冷度日数进行修正，最终计算出单体建筑的碳排放。针对国家、城市和地区级建筑群的计算方法，同单体建筑计算方法的思路一致，需要提供国家、城市和地区的不同建筑类型能耗、不同建筑类型建筑物的比例、建造年代的分布，最终计算出整个国家、城市和地区的建筑物总体能耗和碳排放，并依据单体建筑的计算结果进行验证。

英国政府采纳《居住建筑能效标识标准评估程序》（The Government's Standard Assessment Procedure for Energy Rating of Dwellings , SAP）对居住建筑的能耗和碳排

放进行计算。同时，采纳英国社区与地方政府管理局（Department for Communities and Local Government, DCLG）制定的《英格兰及威尔士地区除居住建筑外建筑国家计算方法建模导则》[National Calculation Methodology Modeling Guide（For Buildings Other Than Dwellings in England and Wales）]和与之配套的《简化建筑能源模型技术导则》（A Technical Manual for Simplified Building Energy Model, SBEM）对公共建筑的能耗和碳排放进行计算。对公共建筑的能耗和碳排放进行计算时，SBEM依据英国相关建筑法规计算设计建筑物碳排放，并依据NCM中基于参照建筑计算得出的目标碳排放限值（Target Emission Rate , TER）判断新建建筑是否满足建筑法规的要求。SBEM依据已有数据库中提供的20种建筑类型和68种建筑功能分区数据对建筑物能耗所产生的碳排放和可再生能源及清洁能源系统的碳减排进行综合计算，最终计算出设计建筑物的碳排放[27]。

美国国家标准与计算研究所研发的在线碳排放计算工具（Building for Environmental and Economic Sustainability, BEES），依据生命周期评价法，对评价客体全生命周期的碳排放水平进行分析。该工具的最大优点在于提供了最好的成本效益和切实可行的建筑产品减排技术，灵活透明，环境和经济绩效有机结合成一个整体的性能指标，并使用 ASTM 标准进行决策性分析。美国供暖与制冷空调工程师学会（American Society of Heating, Refrigerating, & Air-Conditioning Engineers, ASHRAE）2007年组织召开了“建筑碳排放研讨会”，会议主要议题为讨论在建筑设计阶段如何量化建筑物全生命周期的碳排放统一算法、开发相关工具，以减少建筑物全生命周期的碳排放为目标进行优化设计。会议专家一致认为，在未来几十年中，通过改善建筑设计使建筑物降低 50%~80%的碳排放是可能的，如何在建筑设计阶段开发一种“工具”，使建筑师和暖通空调工程师可以在建筑物使用功能等条件相同的情况下，快速并相对准确地判断和比较建筑物不同设计方案在运营过程中可能产生的碳排放差异，然后对其设计方案进行改善，从而达到提高能效、节能减排、减少能源消耗的最终目的。

2.1.4 国外石油化工行业碳足迹评价

石油化工行业产业链的主体包括：油气勘探与开发，石油天然气炼制与成品油气销售，化工基础原料炼制、生产与销售。此外还包括各环节所需的工程技术研发及服务活动、石油化工产品的物流贸易活动。石油化工行业作为碳排放大户，国外许多学者和研究机构在碳排放核算方法研究的基础上，对石油化工行业碳足迹、减排潜力等方面做了大量研究。众多石油化工企业也纷纷制定了解决方案与碳减排规划。

许多重要的石油组织机构出台了碳排放核算标准，用来规范温室气体统计报告。自2001年以来，国际石油行业环境保护协会（IPIECA）、国际油气生产者协会（International Association of Oil and Gas Producer，OGP）、美国石油学会（American Petroleum Institute，API）基于IPCC指南及《温室气体议定书：公司统计和报告标准》，先后联合发布了《石油和天然气工业温室气体排放估算纲要（2001，2004，2009）》及《石油工业温室气体排放报告指导方针（2003，2011）》，用于指导石油行业温室气体排放识别、估算及报告。2003年，加拿大石油生产协会（Canadian Association of Petroleum Producers，CAPP）建立了《石油工业GHG排放估算指南》。2009年，美国国家环境保护署（U.S.Environmental Protection Agency，EPA）依据《API指导方针》和《API纲要》建立了《温室气体报告指南》，还颁布了有关温室气体排放报告的联邦法令，对美国各经济部门（其中也包括油气系统、石油化工产品制造、石油炼制等石油石化部门）温室气体排放监测、报告、记录、核算等方面涉及的主要内容及要求也做出了具体规定。2010年，欧洲议会的EPP组织提供了《基于官方数据的温室气体排放估算统计指南》[28]。这一系列成果为石油石化行业企业层面温室气体排放的估算提供了重要的方法论指导和基本工具。

国际大型石油生产企业相继进行碳足迹评价并披露数据，清晰地向公众传达其在生产过程中产生的碳排放。埃克森美孚公司在2020年12月发布的《能源和碳排放摘要》报告中披露埃克森美孚2019年的温室气体排放量为1.2亿t二氧化碳当量，其中范围一①直接排放量为1.11亿t二氧化碳当量，范围二间接排放量为0.09亿t二氧化碳当量，范围三（其他间接排放：涉及生产的产品、员工通勤、差旅等所产生的排放）在石油产品销售中的排放量为7.3亿t二氧化碳当量，尚未纳入公司温室气体排放量。按照业务板块划分，油气勘探开发排放量为0.55亿t二氧化碳当

---

① “范围一/二/三”的概念出自GHG Protocol产品标准，据排放源不同将温室气体排放分为三种范围，具体划分如下：范围一指的是温室气体的直接排放，即企业持有或控制（车辆等设备）的排放源及工艺设备生产化学制品时的排放源；范围二指的是温室气体的电力和热力排放，即公司电力和热力消耗所产生的及电力和热力生产设施工作时的排放源；范围三指的是温室气体的其他间接排放，即除公司持有或控制的排放源以外其他活动的结果，主要包括生产用的原料、运输外购使用的燃料和销售产品及服务。

量，占总排放量的45.8%；炼油排放量为0.42亿t二氧化碳当量，占公司总排放量的35%；化工排放量为0.23亿t二氧化碳当量，占公司总排放量的19.2%。

壳牌公司编制了企业内部产品碳强度的计算方法学《净碳足迹的度量和方法学》，其产品碳足迹的计算包含了与能源产品的生产、加工、运输和最终使用有关的碳排放，涵盖了范围一、范围二和范围三，并计算了销售能源产品的平均碳排放强度，其能源产品分类更加细化，共分为石油及天然气合成油、天然气产品、液化天然气产品、生物燃料和电力五大类，2019年壳牌的碳足迹为79 gCO_2e/MJ。

BP公司的产品碳强度计算基于以能量为单位的生命周期碳强度计算方法学，其产品碳强度涵盖了能源产品的销售量。其现有目标下涵盖的产品分为四类：精制能源产品、天然气产品、生物质产品和电力产品。BP以能源产品为主，并不涉及化工产品。2019年BP碳排放强度为25.9 $tCO_2e/1000boe$①，碳排放强度核算范围包括上游生产石油、天然气和天然气液体（NGL）过程中被认为的燃烧产生的二氧化碳排放量，不包括BP在俄罗斯石油公司产量中的份额，并假设所有产量都达到饱和二氧化碳的化学计量燃烧。

世界各大石油石化公司纷纷推出了低碳化解决方案，如壳牌、BP、道达尔、埃尼等公司都提出了分阶段实现净零排放的战略路径，建立了碳排放指标体系，制定了行动方案，包括改进工艺和产品，减油增气和发展新能源业务，加强碳捕集、利用与封存（Carbon Capture Utilization and Storage，CCUS）以及碳汇，管理机制创新等；埃克森美孚公司采取多种措施实现公司业务的低碳化，包括提高天然气业务比例，加强碳捕集与封存（Carbon Capture and Storage，CCS）等技术研发，投资生物质能，持续剥离油砂等“高碳”资产[29]。

2.2 国内典型行业碳足迹评价

2.2.1 国内电子信息行业碳足迹评价

近年来，随着我国科技水平的不断进步，电子信息行业在人们的日常生活和

① boe是指一桶油的油当量，油当量按标准油的热值计算各种能源量的换算指标。1kg油当量的热值，联合国按42.62MJ计算。1t标准油相当于1.454285t标准煤。

工作中发挥着不可替代的作用，对于推动我国社会经济的发展起到了积极作用。电子行业在为人类经济及社会的发展产生巨大效益的同时，也带来了不容忽视的环境问题，主要包括：电子行业产品在零部件生产制造以及使用过程中消耗了大量的能源，从而造成大量温室气体的排放；电子产品的生产过程及回收处理过程中有可能产生有毒有害物质，进而对生态环境及人类健康带来不利影响[30]。在我国碳达峰碳中和目标下，开展电子信息产品碳足迹核算研究不容忽视。

电子产品碳足迹评价是对电子产品供应链全过程进行碳足迹评价，主要包括供应、生产、销售、使用及回收处理等阶段。在开展电子产品碳足迹评价过程中，数据收集是其中一个重要环节，需要收集系统边界内所有单元过程的定性资料和定量数据。定量数据包括通过测量、计算或估算而收集到的数据，可用于量化单元过程的输入和输出，数据类型主要包括活动数据和排放因子等。活动数据包括原料、能源消耗和废弃物量等，通常应使用初级数据，根据产品生产和使用过程中能源消耗计量数据形成的台账或统计报表来确定。产品碳足迹评价应包括所界定的系统边界内可能对产品碳足迹有实质性贡献的所有温室气体排放与清除，忽略的单元过程不得超过系统边界范围内总排放量的5%[31]。有学者从全生命周期角度分析了电子行业不同部门的碳排放问题，得出电子行业各部门的供应链间接碳排放（供应商的碳排放）占总排放量的40%~50%，而其生产及运营带来的直接碳排放占总排放量的20%~30%[32]。降低电子行业的碳排放是我国电子行业实现可持续发展的重要途径之一。

为降低电子行业的碳排放，我国颁布了若干相关法规政策推动电子行业供应链低碳化的发展。2005年我国颁布并实施了《能源效率标识管理办法》，注重通过立法加强对电子产品能耗及相应碳排放的控制工作。2009年工信部、国家发改委和财政部联合推广“节能产品惠民工程”，对能效1级或2级及以上的产品进行财政补贴，极大促进了节能低碳电子产品在我国的推广。

为建立健全产品碳足迹认证评价体系，引导中国企业低碳转型升级，促进绿色贸易，中国电子节能技术协会低碳经济专业委员会联合相关产学研用单位于2018年先后启动编制了《电器电子产品碳足迹评价通则》《微型计算机碳足迹核算技术规范》《移动通信手持机碳足迹核算技术规范》《液晶显示器产品碳足迹评价规范》《电器电子产品碳足迹评价通则》等10余项团体标准。其中，《电器电子产品碳足迹评价通则》在2019年度进行落地应用和实施，该标准对于促进我国电器电子产品制造企业及时了解产品生命周期碳足迹评价的相关标准化要求，提高中国电器电子企业对产品的低碳意识设计、生命周期管理和材料替代等领域的技术开发和应对能力，对相关企业和机构培育有能力的产品碳足迹评价管理人员和技术核查人员起到了积极推动作用。

除国家和行业层面发布的电子产品碳足迹评价通则与碳足迹核算技术规范外，一些电子信息行业发展较快的省市也发布了地方标准，2021年北京市正式发布了《电子信息产品碳足迹核算指南》（DB11/T 1860），该指南规范了北京市电子信息产品碳足迹核算的目标、核算范围、功能单位、系统边界、数据收集与处理、核算、报告等内容，并在附录中给出了相关参数推荐值以及电子信息产品碳足迹核算的报告及示例等。《电子信息产品碳足迹核算指南》的发布与实施将有效指导开展北京市电子信息产品碳足迹核算工作，有助于生产者分析产品制造、使用等主要温室气体排放阶段中各个单元过程的温室气体排放量，推动对温室气体排放量高的单元过程进行优化，进而降低产品碳足迹，推进北京市电子信息制造业绿色低碳发展。

在电子产品碳足迹的核算过程中，由于电子产品零部件数目繁多，需要对整体产品进行模块划分。以薄膜晶体管液晶显示器（TFT–LCD）为例，主要包括液晶显示屏、背光模块、驱动电路三大核心部件；LCD显示屏主要由TFT玻璃、彩色滤光片、偏光片、玻璃基板和液晶材料组成，分别以各模块为单位计算产品碳足迹。其中，液晶显示屏中某一模块包括前框和后盖，其碳足迹也分为两个部分。计算得到，后盖在原材料获取、生产过程、运输过程中的碳排放分别为6.9kgCO_2e、5.9kgCO_2e和0.0257 kgCO_2e。通过对液晶显示器的零部件进行拆解计算，得到每台显示器在生产过程中的碳排放量为140 kgCO_2e[33]。

按照全生命周期方法，对某出口传感器产品的碳足迹进行核算，产品全生命周期的碳排放包括原材料获取阶段、生产阶段、使用阶段、运输阶段及回收处理阶段。传感器产品全生命周期的碳排放量为8.1 kgCO_2e，其中生产阶段消耗电力较多，产生碳排放量较大，占总量的31.6%；其次是运输阶段，占比27.4%；使用阶段占总量的26.8%[34]。优化生产技术、改进运输方式、降低产品能耗是降低产品碳排放的关键。

对冰箱、空调和洗衣机等电子电器产品的碳足迹评价结果表明，产品使用阶段对电子电器产品碳足迹贡献最大，其次是原材料生产阶段，产品生产阶段和运输阶段的影响均较小，废弃处置阶段对原材料进行回收利用可在一定程度上减少电子电器产品碳足迹[35]。产品使用阶段的碳排放与电器功率和使用时间有关，常用的大功率电子产品碳排放主要由使用阶段产生，如电视、空调等，小功率电子产品碳排放主要由生产阶段产生，如笔记本电脑、手机等。

由于电子电器产品在生产阶段涉及的零部件和原材料构成较为复杂，对产品零部件进行一一拆解，收集各个零部件的原材料数据的工作量较大，这是对于电子电器产品实施碳足迹评价的一大难点。此外，对于混线生产的电子电器产品，在不同规格的产品零部件之间，对生产过程能耗进行合理分配也有一定难度。

随着云计算、人工智能、5G等新一代信息技术的快速发展，数据中心作为云计算以及信息系统的载体，已经成为信息技术体系中的关键基础设施，在数字经济发展中扮演着至关重要的角色。数据中心是大数据、云计算、互联网的基础设施，同时也是能耗大户。绿色和平组织与华北电力大学2019年的报告显示，2018年中国数据中心总碳排放量达到9855万t，预计到2023年，中国数据中心总碳排放量将达到1.63亿t。中国电子学会编写的《中国数据中心可再生能源应用发展报告（2020）》显示，2020年我国数据中心已经达7.4万个，占全社会用电量的1%左右。企业一方面要运用高新技术提高数据中心运行效率，降低能耗；另一方面要改变运营管理方式，做好内部宣传，鼓励员工积极关注碳排放，为低碳环保生活做好准备。利用技术更新、升级换代进行节能减排，是互联网企业最重要、最经济的实现碳中和的方式[36]。

不少互联网企业都积极做出碳中和承诺，并制定相关落实计划。2022年2月24日，腾讯公司宣布开始“净零行动”，承诺不晚于2030年，实现自身运营及供应链的全面碳中和；同时，不晚于2030年实现100%绿色电力，成为首批启动碳中和规划的互联网企业之一。根据腾讯发布的《腾讯碳中和目标及行动路线报告》，2021年其自身运营和供应链的碳排放为511.1万tCO_2e。自身运营产生的排放包括直接排放和间接排放，其中由于外购电力导致的间接排放在腾讯运营排放中占有绝对比重。腾讯自身运营所产生的直接排放比如班车、柴油发电等，排放量为1.9万tCO_2e，约占0.4%。自身运营的数据中心及办公楼购电、购热等产生的间接排放，约为234.9万tCO_2e，约占45.9%。在报告中，腾讯表示，其碳中和行动会遵循“减排和绿色电力优先、抵消为辅”的原则，从节能管理、创新节能技术、提升可再生能源利用比例、推进可再生能源采购和探索碳汇领域的新方法等多方面来实现。

电子信息行业作为技术密集型和资本密集型行业，有责任承担起双碳目标的任务，将碳足迹评价应用到行业内电子产品的生产制造、销售及使用过程中。目前国内不仅有行业协会先后发布了电子行业技术规范和评价通则，电子信息行业内的领军企业也纷纷做出碳中和承诺并制定落实计划，对其他行业和企业具有重要的借鉴意义。

2.2.2 国内交通运输行业碳足迹评价

进入21世纪以来，随着我国城镇化和机动化进程的不断加快，交通运输需求也在快速增长，我国交通运输业的能源消耗总量和其占社会总量的比重均呈现逐年递增的趋势。交通运输业作为社会碳排放总量的重要构成部分，碳排放量的增速较快，其中道路运输碳排放对交通排放总量的贡献率高达71.7%[37]。交通运输系统复杂多变，影响因素涉及面广，造就了交通运输碳排放问题研究的复杂性。完善交通运输全生命周期碳排放计算体系，控制交通运输行业碳排放活动量，加快交通运输绿色转型，对交通运输行业顺利实现双碳目标十分重要。

交通运输行业碳排放按能源消费方式划分，可分为直接能源消费和间接能源消费产生的碳排放。直接能源消费主要指人员办公、运营阶段化石能源燃烧、电力和热力消耗；间接能源消费包括运输设备、建筑物在制造或建造过程中产生的碳排放。按设备类型划分，可分为固定设施和移动设备产生的碳排放。交通运输固定设施包括运输网络线路（如公路、铁路、航道、管道等）、节点（如车站、枢纽、港口、机场等）及相关附属设备，碳排放包括固定设施设备材料制造及运输过程、固定设备运转（如照明、制冷）等；移动设备主要指运载工具，碳排放主要由运载工具材料生产及工具运行等过程产生。

在第2.1.2节中已经介绍国际上常用的交通运输CO_2排放测算方法主要分为“自上而下”和“自下而上”两种方法。国内许多学者运用这两种方法也进行了大量研究。有学者采用“自上而下”的碳排放计算方法，根据《IPCC国家温室气体清单指南》的数据，对2000~2013年甘肃省交通二氧化碳排放进行测算，对交通碳排放总量、人均碳排放量、交通能源碳排放结构及碳排放强度进行了趋势分析[38]。另外，有学者采用“自上而下”法处理交通运输业能源消费数据并计算交通运输业CO_2排放量，将交通运输行业能耗产生的CO_2排放分解为直接排放与间接排放，前者是由化石能源消费产生的，后者是由热力和电力消耗产生的，分别计算两类排放的排放因子，两部分碳排放量相加得出总的交通碳排放量[39]。在“自下而上”法方面，有学者通过各运输方式的车辆数、行驶里程、能源消耗结构以及各能源的碳排放因子计算并得出了上海市2000~2007年城市交通碳排放量[40]。另外，有学者采用“自下而上”的测算方法，运用车辆数、年行驶里程、每公里耗油量、燃油密度、所用燃料净发热值等指标测算了郑州市居民交通碳排放[41]。

许多学者研究了交通碳足迹模型、交通影响因素碳足迹模型和碳足迹强度测算模型等。交通碳足迹测算模型研究主要涉及4个重要影响因素：燃料中的含碳量（Carbon Content of Fuel）即单位燃料消耗产生的CO_2排放量；车辆类型清单（Vehicle Inventory），即不同类型车辆消耗的燃料；燃料效率（Fuel Efficiency），即每百公里的燃料消耗；活动量（Activity Level），即车辆累计行驶里程。有学者在碳排放测算模型的基础上，根据上海市的相关实际数据对我国城市交通碳排放情形和城市交通发展模式进行研究。根据我国能源的消耗状况以及相关参数，结合IPCC提供的相关排放因子的测算方法，求解得出了适用于我国实际能源状况的排放因子。通过调查研究上海市历年交通碳排放量及能源消耗量数据，研究分析不同的客运出行方式的排放情况，并结合上海市的交通结构，提出低碳交通发展途径。采用情景分析法模拟不同的碳排放模式进行分析研究，并对不同的减排措施的效果进行评价。最后得出小汽车保有量的激增为城市交通碳排放增长的主要因素，应该大力发展慢行绿色交通和大容量的公共交通来达到减排效果[42]。

交通运输是居民出行、物流服务的基础支撑和保障。随着经济社会的快速发展和居民生活水平的不断提高，运输需求不断增加，碳排放总量控制难度较大。现阶段，我国交通运输能源消费、碳排放数据统计口径不够清晰，且大多关注于公共交通运营阶段运载工具的直接能源消费和碳排放数据。交通运输碳排放除了与建设规模、运输量、运输结构、运输效率等行业内部因素息息相关外，也会受到产业链上游采矿业、电力热力行业、运输设备（如铺设钢轨、载运工具等）制造业、建筑材料（如水泥、玻璃、沥青等）制造业等行业的影响[43]。《国家综合立体交通网规划纲要》指出，未来旅客出行需求将稳步增长，高品质、多样化、个性化的需求不断增强，预计到2035年旅客出行量（含小汽车出行量）年均增速约为3.2%[44]，会带来碳排放量进一步增加。在碳达峰碳中和背景下，对于交通运输领域既是重大挑战，也是绿色转型的发展机遇。交通运输领域碳达峰与交通运输发展规模、碳减排措施力度紧密相关[45]。未来制定完善的交通运输领域能源消费统计制度，出台交通运输领域温室气体排放清单编制指南，建立交通运输领域能耗和碳排放数据核实方法体系将促进交通运输业碳足迹评价方法发展，也将有利于交通运输业实现双碳目标。

2.2.3 国内建筑行业碳足迹评价

近年来，我国建筑行业持续发展，建筑业规模不断扩大，碳排放量持续增加，降低建筑业碳排放是我国的重点工作任务之一。我国建筑使用能耗约占社会总能耗的25%，若加上固化在建筑物上的其他能耗，比如钢铁、水泥、玻璃、砖石等建筑材料的生产与运输能耗等，与建筑业相关的总能耗将高达46.7%[46]。中国建筑节能协会能耗专委会发布的《中国建筑能耗研究报告（2022）》中指出，2020年全国建筑全过程碳排放总量达到50.8亿tCO_2，占全国碳排放的50.9%。其中，建材生产阶段碳排放量为28.2亿tCO_2，占全国碳排放的28.2%；建筑施工阶段碳排放量为1.0亿tCO_2，占全国碳排放的1.0%；建筑运行阶段碳排放量为21.6亿tCO_2，占全国碳排放的21.7%。建筑行业具有较大的节能减排潜力，根据中国科学院技术科学部咨询报告的研究，建筑只要节能设计合理、运营管理科学，可以取得30%~70%的节能效果[47,48]。

国内在建筑行业碳排放标准方面取得了较多的成果，包括以下3个现行的标准:《建筑工程可持续性评价标准》(JGJ/T 222)、《建筑碳排放计量标准》(CECS 214)和《建筑碳排放计算标准》(GB/T 51366—2019)。其中，《建筑工程可持续性评价标准》是我国第一部将国际标准运用于建筑工程生命周期可持续性定量评价的标准，其功能单位参照ISO 14040，数据质量的要求以ISO 14044为准；《建筑碳排放计量标准》提出了两种建筑生命周期评估方法，可根据建筑的设计建造和运行管理实际情况进行选择；《建筑碳排放计算标准》规范了建筑碳排放计算方法，为建筑物参与碳排放交易、碳税、碳配额、碳足迹，开展国际比对等工作提供技术支撑[49,50]。

在建筑行业碳足迹的研究中，常用的碳足迹测算方法主要有实测法、排放因子法和全生命周期评价法[51]。

实测法是对建筑全生命周期各阶段进行实际测量的方法，运用国家规定的检测工具或者计量仪器对各阶段的监测项目进行测量，再运用国家规定的换算系数来换算各阶段的碳排放情况。该方法对采集到的样品数据精度和代表性要求较高。由于在建筑全生命周期过程中需要监测的项目繁多，同时在监测过程中，建材的开采和生产、建筑施工、建筑拆除等是在开放的环境条件下进行的，与周围的空气产生较强的流通，运用实测法测量出的数据存在较大的不确定性，因此不能保证所采集到的样品数据的代表性和精确度。所以该方法不适宜测定建筑全生命周期碳足迹。

排放因子法是用活动数据乘以相应的碳排放因子计算得到碳排放量。活动数据是指全生命周期过程中消耗能源和资源量。排放因子是消耗单位能源或资源产生的碳排放量。该方法计算简便，但由于各地区碳排放因子的计算边界和计算方法没有标准统一化，计算结果误差较大。

全生命周期评价法是通过清单分析，识别和量化能源与材料的耗用量及其产生的碳排放，并对其产生的环境影响进行评价。该方法阶段的划分越细，各阶段的测算结果精确度会越高，但在各阶段过程中对碳排放量的收集比较困难。目前国内对于建筑碳足迹评价方法绝大部分是基于全生命周期评价法，建筑的全生命周期碳足迹包括材料生产阶段碳足迹、建筑建设阶段碳足迹、建筑使用阶段碳足迹和建筑拆除阶段碳足迹的全过程[52]。但是建筑全生命周期碳足迹的过程不仅限于该种方法，国内外不同的学者对建筑全生命周期的划分也存在一定差异，有学者还提出将全生命周期划分为三个阶段：物化阶段、运行阶段和处置阶段，从能量流和物质流出发，清晰定义了建筑全生命周期的边界，建立了统一的全生命周期碳排放清单，构建了建筑全生命周期的碳排放分析框架[53]。

在建筑材料的碳足迹研究中，有学者运用生命周期评价法研究了建筑在建设中使用的主要材料、从最初的生产加工、运输、使用到最终拆除废弃各个阶段的碳足迹，为进行建筑全生命周期的碳足迹研究奠定了基础[54]。有学者采用全生命周期分析方法对不同建材产品碳足迹进行研究，分析建材产品间碳排放的共性和差异性，得出在商品混凝土、预拌砂浆、PC构件、非烧结类砌体材料等建材产品的碳足迹中，原材料生产阶段碳足迹值占比较高，且建材产品碳足迹对原材料生产过程碳排放具有较高的敏感性，因此选用低碳原料能显著降低建材产品全生命周期碳足迹[55]。

在建筑施工的碳足迹研究中，有学者将建筑的碳足迹研究和建筑信息模型结合起来，运用BIM及相关软件对不同的建设方案建模，按照不同排放源考察建筑施工过程中能耗工质的消耗产生的碳排放、建筑材料的使用产生的碳排放、建筑垃圾产生的碳排放，计算其建筑施工过程的碳足迹，并对计算结果进行比较分析，从而选用碳足迹最少的施工方案，为优化建筑材料的选用和减少建筑在建造施工阶段的温室气体排放提供了理论依据[56]。有学者依据建筑全生命周期理论，将建筑施工划分成建筑材料运输和现场机械施工两个阶段，运用碳排放系数法分别建立了这两个阶段的碳足迹核算模型，得到单位工程建筑面积碳足迹为24.68 kg/m^2，其中建筑材料运输阶段碳足迹为10.1 kg/m^2，占比41%；机械施工阶段碳足迹为14.49 kg/m^2，占比59%[57]。

在建筑运行的碳减排研究中，有学者研究空调系统加装智能AI控制系统后，运行节电产生的碳排放，优化后每年用电量可节省10%~20%，特别是在每年11月、12月、次年1月的空调采暖季，由于用电产生的能耗较大，经济效益更加明显，节能效果也更好[58]。有学者对于公共建筑运行阶段主要绿色建筑技术的碳减排潜力进行评估，得到在我国集中供热地区的建筑碳排放强度比非集中供热地区高30~50 $kg/(m^2 \cdot a)$，集中供热地区具有更大的节能减排潜力；自然采光和自然通风这两种被动技术具有显著的减碳潜力，其中自然采光的减排率可达13%~20%，自然通风可达8%~13%，因此在建筑设计阶段，建议预留足够的自然采光区和自然通风口；遮阳方式与可再生能源技术的适用性与气候区域相关，在夏热冬冷地区，遮阳技术的减排率能够达到严寒地区的2倍，夏热冬冷地区在建筑设计时应充分考虑与围护结构耦合的外遮阳措施[59]。

由于建筑的生产、消费使用过程的产业链较长，每个环节都相互关联，从国家或行业的角度对建筑碳排放进行测算需在全产业链的层面进行，包括生产和消费两个环节的碳排放，而非仅仅某一个单位建筑物的使用阶段。对建筑全生命周期进行碳足迹评价有利于寻找环境友好型建筑产品，降低建筑工程的环境负荷，对于行业提高节能减排能力建设，尽早实现双碳目标起到积极的促进作用。建筑的可持续发展需要量化依据和支持，在建筑行业各阶段开展碳足迹评价工作，评估建筑材料、建筑施工和建筑运行中绿色建筑节能减排技术的效果，可以为建筑行业寻求减碳策略、建立碳达峰碳中和行动路线提供科学合理的数据支撑。

2.2.4 国内石油化工行业碳足迹评价

近年来，石油化工行业碳排放引起的气候变化问题日益成为关注的焦点，石油化工行业是我国经济的支柱产业，也是二氧化碳重点排放行业之一，目前国内油气公司普遍开展企业的温室气体盘查工作，在摸清自身排放家底的同时，为碳减排和参与碳交易奠定基础。同时，随着国际社会应对气候变化工作的逐步深入，应用碳足迹的方法研究企业、机构和个人行为对环境造成的影响也越来越被人们所重视[60,61]。2019年，中国石油、天然气消费所排放的二氧化碳分别达到15.2亿t和5.9亿t，占全国总排放量的21%[62]。开展石油化工行业碳足迹核算与评价可以为相关上下游行业提供碳足迹评价的基础数据。石油化工产业链结构复杂，产品种类众多，因此无论是基于终端消费还是基于产品生命周期来评价碳足迹都是一项具有挑战性的工作。目前国内各研究单位或学者大部分以石油化工产品作为研究对象进行石油化工产品碳足迹评价。

针对不同石油化工产品特征，国内学者对石油化工产品的碳足迹核算提出了具体的评价方法。早在2009年，中国化工标准化研究院联合英国标准协会开展了氯碱行业产品碳足迹评价试点工作[63]。作为最基本的化学工业之一，氯碱工业的产品可广泛应用于石油化学工业。碳足迹评价研究以1t PVC产品为功能单位，评价范围选择从商业到商业（B2B）的评价模式，即从原料进厂、产品生产，到产品运输再到下一个组织边界为止，不包括额外的生产步骤和最终产品的分销、零售、消费者使用。最终计算1t PVC产品碳足迹约为1765.3 kgCO_2e，其中原料消耗CO_2排放量占比最大，为72.4%；其次是能源消耗产生的排放，占比8.9%；其余排放所占比例较小。

管输原油过程碳足迹评价能够核算原油周转服务的“生产”过程产生的生命周期碳排放。有学者以管道输送过程为基础，建立原油输送过程碳足迹评价方法，包括建立原油周转路径、计算物料平衡、排放清单分析、排放分配等评价步骤，完成管道输送过程碳足迹。针对碳排放分配问题，提出质量分配方法，将复合输送路径分解为简单输送路径，可以更加清晰地反映管道输送过程碳足迹。对实际案例分析发现原油周转路径距离对碳足迹结果影响明显，并针对核算结果提出相应的减排措施[64]。

汽油作为石油炼制最主要的产品之一，在人们日常生产和生活中起到了不可替代的作用，并且汽油产品应用面广、消费量大，对汽油产品碳足迹核算与评价进行研究是石油化工生产过程碳足迹评价不可或缺的部分。汽油产品的碳足迹核算一般包括原料获取（即原油开采）阶段、原料运输阶段、汽油生产阶段、汽油配送阶段及汽油使用（燃烧）阶段。在汽油全生命周期各个阶段中，汽油使用过程的温室气体排放量最大，占全生命周期排放的78.41%。降低汽油环境影响的措施包括开发清洁、低碳化能源，减少使用过程中温室气体的排放[65]。

对二甲苯是连接炼油与化工的重要石油化工产品，既是芳烃品种中最为重要的产品之一，亦是聚酯产业的龙头原料。我国的对二甲苯消费量巨大，全球约有一半的产品在我国消费。对二甲苯产品的碳足迹核算与评价包括从原油获取、原油运输和对二甲苯生产的全生命周期过程，在对三家代表性企业进行对二甲苯碳足迹核算时发现生产阶段对对二甲苯生命周期排放的影响最大，超过70%，燃料气对芳烃联合装置的影响最大，达到50%以上。因此燃料气是对二甲苯生产过程中最为关键的减排点，优化方法包括提高加热炉效率、优化燃料组成及电加热炉替代燃料加热炉等[66]。

目前来看，关于石油化工产品碳足迹的研究大多是针对产品的总生产流程，以工艺装置为单位按产品质量或热值进行碳排放分配。未来开发基于单元过程的碳足迹评价方法，结合工艺过程排放特点提出生产过程产品方案与能耗规律的分配方法，真正使企业因调整产品结构导致的碳排放变化反映到产品碳足迹结果当中，指导低碳产品生产[67]。

石油化工行业是我国国民经济的重要支柱产业，涉及能源的生产供应，经济总量大，产业关联度高，用碳方式复杂、排碳规模较大、减碳任务紧迫，石油化工行业应尽快实施有效节能减排措施，合理规划碳达峰碳中和的实施路径，加快推动石油化工企业进行清洁技术升级与绿色发展。

参考文献

[1] Arushanyan Y, Ekener-Petersen E, Finnveden G. Lessons learned-Review of LCAs for ICT products and services[J]. Computers in Industry, 2014, 65(2): 211-234.

[2] 付秋芳，忻莉燕，马健英.制造业供应链多阶碳足迹的构成研究——基于珠三角经济区31家制造企业[J].战略决策研究，2012，3(6): 72-80.

[3] 鲍宏，刘光复，刘志峰，等. 产品多粒度层次低碳绩效分析方法[J].中国机械工程，2013，24(17): 2390-2397.

[4] Vasan A, Sood B, Pecht M.Carbon footprinting of electronic products[J].Applied

Energy，2014，136：636-648.

[5] 杜超. 我国区域互联网发展水平对二氧化碳排放影响的统计研究[D]. 蚌埠：安徽财经大学，2021.

[6] 李忠东.2030年苹果公司将100%实现碳中和[J].上海节能，2020(12)：1529.

[7] Sudhir Gota. 聚焦交通基础设施建设的碳排放决策改变碳足迹[J]. 交通建设与管理，2014(11)：62-65.

[8] 孙婷.国际大城市交通碳中和实现路径及启示——以伦敦、纽约和巴黎为例[J]. 规划师，2022，38(06)：144-150.

[9] IPCC. 2019 Refinement to the 2006 IPCC Guidelines for National Greenhouse Gas Inventory[R].2019.

[10] IPCC. 2006 IPCC Guidelines for National Greenhouse Gas Inventory[R]. 2006.

[11] Schipper L，Marie-Iilliu C，Gorham R. Flexing the Link between Urban Transport and CO_2 Emissions：A Path for the World Bank[C]// International Energy Agency，2000.

[12] 闫紫薇. 中国交通碳排放的测算及其影响因素的空间计量分析[D]. 北京：北京交通大学，2018.

[13] 曾德芳. 基于LEAP模型的长江航运能源消耗及碳排放趋势研究[D]. 重庆：重庆交通大学，2021.

[14] Metting Tu，Ye Li，Lei Bao，et al.Logarithmic mean divisia index decomposition of CO_2 emissions from urban passenger trans port：An empirical study of global cities from 1960—2001[J]. Sustainability，2019，11(16)：4310.

[15] 许伦辉，魏艳楠.交通领域碳足迹研究综述[J].交通信息与安全，2014，32(6)：1-7.

[16] Hickman R，Ashiru O，Banister D. Transport and climate change：Simulating the options for carbon reduction in London[J]. Transport Policy，2010，17(2)：110-125.

[17] 潘晓滨.国际民用航空业碳抵消与减排计划综述[J]. 资源节约与环保，2019，(10)：142-144.

[18] 刘勇，朱瑜. 气候变化全球治理的新发展——国际航空业碳抵消与削减机制[J]. 北京理工大学学报：社会科学版，2019，21(3)：39-49.

[19] 裘晓东.碳标签及发展现状[J].节能与环保，2011(9)：54-58.

[20] Rahman F, Manning K, Cowdy J. Let Eco Drive be your guide: Development of a mobile tool to reduce carbon footprint and promote green transport[J]. New York: Proceedings of the 27th Annual ACM Symposium on Applied Computing, SAC 2012, 519–524.

[21] Melanta S, Miller–Hooks E, G. Avetisyan H. Carbon footprint estimation tool for transportation construction projects[J]. J. Constr. Eng. Manage, 2013, 139(5): 547–555.

[22] 冯勇，历美飞，刘洋.房地产项目建设周期碳排放认证实践——招商地产金山谷项目ISO 14064碳排放认证[J]. 建筑科技，2012(6): 1–2.

[23] McKinsey Company. Reducing US greenhouse gas emissions: How much at what cost？[C]// Conference Board, 2007.

[24] 张楠，杨柳，罗智星.建筑全生命周期碳足迹评价标准发展历程及趋势研究[J]. 西安建筑科技大学学报：自然科学版，2019，51(4): 569–577.

[25] 曹杰.住宅建筑全生命周期的碳足迹研究[D]. 重庆：重庆大学，2017.

[26] UNEP. Common Carbon Metric[EB/OL]. http://www.unep.org.

[27] DCLG. National Calculation Methodology Modeling Guide（For Buildings Other Than Dwellings in England and Wales）[EB/OL].http:/www.ncm.bre.co.uk/.

[28] 刘玲.我国石化行业温室气体排放变动分析及减排潜力研究[D].青岛：中国石油大学(华东)，2014.

[29] 司进，张运东，刘朝辉，等. 国外大石油公司碳中和战略路径与行动方案[J]. 国际石油经济，2021，29(7): 28–35.

[30] 王一雷.电子行业供应链低碳化实现途径博弈模型研究[D].大连：大连理工大学，2015.

[31] T/DZJN 001—2018电器电子产品碳足迹评价通则[S].

[32] Huang Y A, Weber C L Matthews H S. Carbon footprinting upstream supply chain for electronics manufacturing and computer services[C]// IEEE International Symposium on Sustainable Systems and Technology (ISSST), Phoenix, 2009: 30–35.

[33] 章玲玲，杨传明，叶爱山.电子产品供应链碳足迹优化研究[J]. 科技管理研究，2018，38(6): 233–239.

[34] 张欢，贺迪，赵晓宇.基于生命周期的电子产品碳足迹核算[J]. 智能建筑，2022

(9): 62-67.

[35] 俞波，侯坚增电子电器产品碳足迹评价技术解析[J]. 质量与认证，2021(增1): 164-167.

[36] 孟庆丽."碳达峰、碳中和"目标下互联网企业迎来新发展[J]. 中国电信业，2021(8): 23-25.

[37] Xu B, Lin B. Investigating the differences in CO_2 emissions in the transport sector across Chinese provinces: Evidence from a quantile regression model[J]. Journal of Cleaner Production, 2017, 175: 109-122.

[38] 武翠芳，熊金辉，吴万才，等. 基于STIRPAT模型的甘肃省交通碳排放测算及影响因素分析[J]. 冰川冻土，2015，37(3): 826-834.

[39] 张陶新，周跃云，赵先超. 中国城市低碳交通建设的现状与途径分析[J]. 城市发展研究，2011，18(1): 68-73，80.

[40] 陈飞，诸大建，许琨. 城市低碳交通发展模型、现状问题及目标策略——以上海市实证分析为例[J]. 城市规划学刊，2009(6): 39-46.

[41] 宁晓菊，张金萍，秦耀辰，等. 郑州城市居民交通碳排放的时空特征[J]. 资源科学，2014，36(5): 1021-1028.

[42] 苏城元，陆键，徐萍. 城市交通碳排放分析及交通低碳发展模式—以上海为例[J]. 公路交通科技，2012，29(3): 142-148.

[43] 刘佩.基于全生命周期活动数据的交通运输碳排放计算思路[J]. 中国工程咨询，2022(11): 43-47.

[44] 傅志寰，孙永福. 交通强国战略研究[M]. 北京：人民交通出版社，2019.

[45] 李晓易，谭晓雨，吴睿，等. 交通运输领域碳达峰、碳中和路径研究[J]. 中国工程科学，2021，23(6): 15-21.

[46] 吴硕贤. 节能减排建筑业要有作为[J]. 中国经济和信息化，2013(5): 20-21.

[47] 中国科学院学部. 推行绿色建筑促进节能减排改善人居环境[J]. 中国科学院院刊，2011，26(4): 443-445.

[48] 吴硕贤，赵越喆. 推行绿色建筑，促进节能减排，改善人居环境——中科院技术科学部咨询报告[J]. 动感(生态城市与绿色建筑)，2011(4): 20-27.

[49] 宋金昭，郭芯羽，王晓平，等. 中国建筑业碳排放效率区域差异及收敛性分析——基于SBM模型与面板单位根检验[J].西安建筑科技大学学报：自然科学

版，2019，51(2)：301–308.

[50] 徐西蒙.基于生命周期理论的建筑碳足迹分析[J]. 环境科学导刊，2021，40(2)：28–34.

[51] 申娟娟. 基于LCA的建筑碳足迹测算及减排对策研究[D]. 广州：广东工业大学，2019.

[52] 肖雅心，杨建新. 北京市住宅建筑生命周期碳足迹[J]. 生态学报，2016，36(18)：5949–5955.

[53] Zhang X., Wang F. Life-cycle Assessment and Control measures for Carbon Emissions of Typical Buildings in China[J]. Building & Environment，2015，86：89–97.

[54] 邵高峰，赵霄龙，高延继. 建筑物中建材碳排放计算方法的研究[J]. 新型建筑材料. 2012，(2)：75–77.

[55] 张雪峰. 安徽省建材产品碳足迹浅析[J]. 资源节约与环保，2022(9)：137–139，144.

[56] 李兵，李云霞，吴斌，等. 建筑施工碳排放测算模型研究[J]. 土木建筑工程信息技术. 2011，3(2)：5–10.

[57] 李水生，肖初华，杨建宇，等. 建筑施工阶段碳足迹计算与分析研究[J]. 环境科学与管理，2020，45(3)：41–45.

[58] 张晓冬，高喜玲，王铁勇. 既有公共建筑运行碳排放量换算与碳交易现状分析[J]. 中国设备工程，2022(23)：256–258.

[59] 潘毅群，魏晋杰，梁育民，等. 绿色建筑节能技术在典型公共建筑运行中碳减排潜力评估[J]. 暖通空调，2022，52(4)：83–89，131.

[60] 耿涌，董会娟，郗凤明，等. 应对气候变化的碳足迹研究综述[J]. 中国人口·资源与环境，2010，20(10)：6–12.

[61] 田涛，韦桃平，王北星. 石化产品全生命周期碳足迹评价研究[J]. 石油石化绿色低碳，2016，1(2)：12–18.

[62] OUR WORLD IN DATA. CO_2 emissions by fuel[EB/OL]. https://ourworldindata.org/emissions-by-fuel.

[63] 马玉莲，忻仕海. 碳足迹评价方法学在PVC产品中的应用[J]. 氯碱工业，2011，47(1)：1–6，34.

[64] 田涛，王之茵，杜永鑫. 原油输送过程碳足迹核算与评价研究[J]. 中外能源，2020，25(6): 83-89.

[65] 王陶，张志智，孙潇磊. 汽油产品碳足迹研究[J]. 当代化工，2020，49(7)：1428-1432，1436.

[66] 陈广卫，张志智. 对二甲苯产品的碳足迹与减排措施[J]. 化工环保，2021，41(6): 774-778.

[67] 田涛，姜晔，李远. 石油化工行业产品碳足迹评价研究现状及应用展望[J]. 石油石化绿色低碳，2021，6(1): 66-72.

第三章

石油化工行业上游企业生产活动碳足迹评价

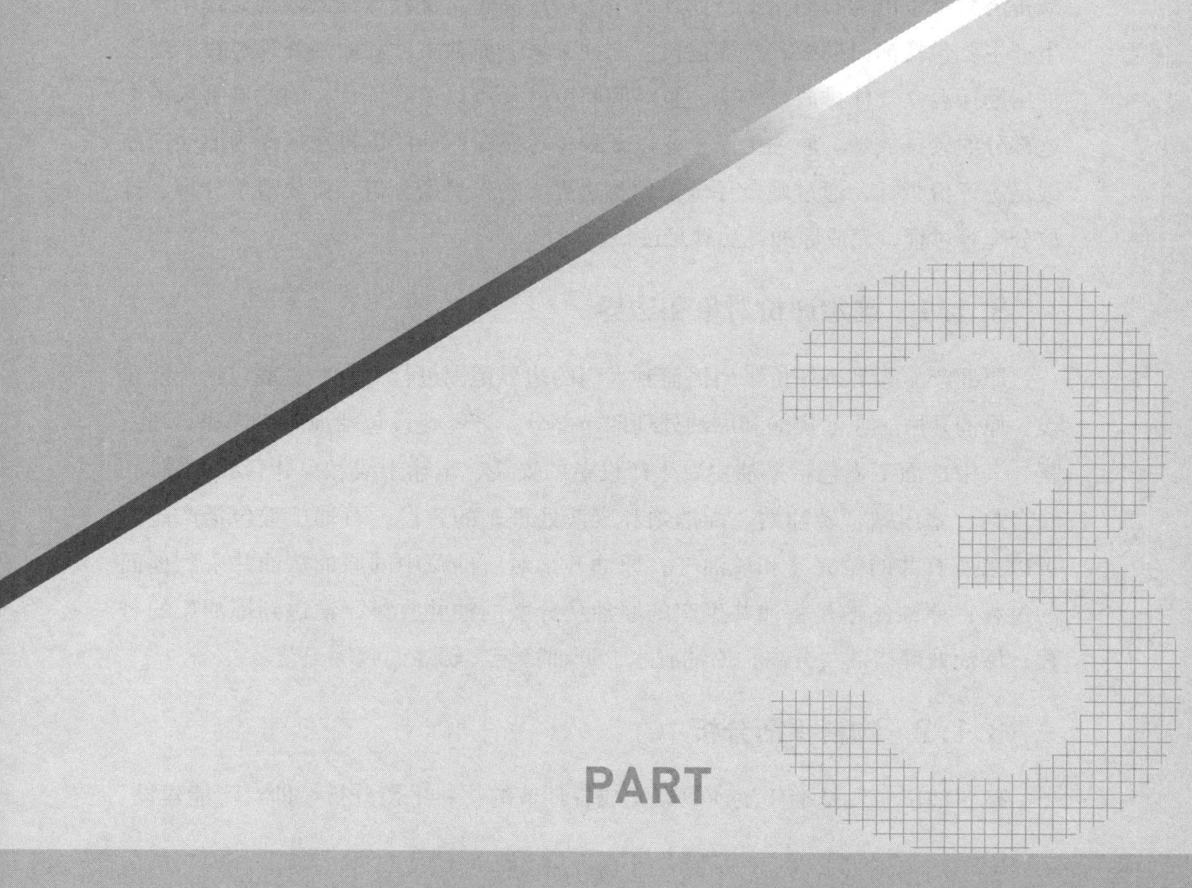

石油化工行业上游业务包括油气开发及储运。油气开发是指对已探明的油气田实施产能建设和油气生产。油气储运主要是指通过管道、车辆、船舶等运输工具将生产的石油、天然气运输到下游用户的全过程。

3.1 原油生产碳足迹评价方法

原油生产作为石油化工行业上游板块的主要业务，其碳足迹结果势必影响中下游产品碳足迹，因此开展原油产品碳足迹核算不仅可以摸清油田碳排放情况和减排潜力，也可为石油化工行业开展中下游产品碳足迹核算提供数据支撑。原油生产主要包括油田勘探、产能建设、原油开采、原油集输和原油处理过程。由于油田勘探温室气体排放量较少，且时间跨度较长难以精确统计，因此本书未考虑这部分的碳排放量。原油生产企业以开采单位质量原油的碳排放量作为原油产品碳足迹评价指标，通过确定评价对象和边界、物料平衡分析、排放清单分析、排放分配等过程，完成原油产品碳足迹核算。

3.1.1 确定评价对象和边界

原油产品碳足迹评价采用摇篮到大门的边界范围进行评价，一般包括产能建设、原油开采、原油集输和原油处理四个部分。产能建设包括地面工程和石油工程，其中地面工程包括采油主要生产设备的安装、集输干线和单井管线的铺设、联合站、增压站、转油站、配液站和废液处理站的建设，石油工程包括产能建设以来所有井的钻完井和试油气；原油开采对应油藏中的原油从油井采到地面的过程；原油集输是将油井生产的原油从分散的油井收集，输送到炼油厂的过程；原油处理指油气分离、原油脱水、原油稳定、轻烃回收等工艺。

3.1.2 物料平衡分析

按照油田企业基准年生产数据完成各环节的物料平衡分析，即对产能建设、原油开采、原油集输和原油处理四个阶段使用的原料和辅助材料消耗量，以及主要产品和副产品产量建立平衡性清单。

3.1.3 排放清单分析

原油生产排放清单是指生产各环节的原料、辅助材料、能源消耗以及工业生产过程带入或产生的二氧化碳排放量。基于IPCC清单法，分别计算产能建设、原油开采、原油集输和原油处理四个阶段的二氧化碳排放量。各阶段二氧化碳排放量计算方法：

$$E_c = E_{原料} + E_{能耗} + E_{过程} + E_{辅助材料} \tag{3-1}$$

式中 E_c——某阶段CO_2排放量，$kgCO_2$；

$E_{原料}$——原料带入排放，包括原料开采或提炼所产生的CO_2排放，以及机械、消耗品以及勘探和开发所产生的排放，$kgCO_2$。

$E_{能耗}$——能源消耗排放，即为消耗能源工质（水、电、蒸汽、燃料等）产生的CO_2排放，$kgCO_2$。

$E_{过程}$——工业生产过程排放，即为产品生产过程工艺副产的CO_2排放，$kgCO_2$。

$E_{辅助材料}$——辅助材料带入排放，即为辅剂生产过程产生的排放，原油生产过程中用到的辅剂较少，因此这部分排放可忽略不计。

原料带入排放、能源消耗排放和工业生产过程排放计算方法如下所述，其中涉及的CO_2排放因子计算方法详见本书第1.5节相关内容。

原料带入排放计算方法如式（3-2）所示：

$$E_{原料}=M_{原料} \times EF_{原料} \tag{3-2}$$

式中 $M_{原料}$——原料消耗量，t；

$EF_{原料}$——原料排放因子，$kgCO_2/t$。

其中，原料排放因子包括外购物料排放因子和自产物料排放因子两种。外购物料排放因子由外购物料供应商提供，自产物料排放因子由该物料生产过程产品碳排放强度得到。

能源消耗排放计算方法如公式（3-3）所示：

$$E_{能耗}=M_{燃料} \times EF_{燃料}+M_{电} \times EF_{电}+\sum(M_{水} \times EF_{水}) \tag{3-3}$$

式中 $E_{能耗}$——能源消耗排放，$kgCO_2$；

$M_{燃料}$——燃料消耗量，t；

$EF_{燃料}$——燃料排放因子，$kgCO_2/t$；

$M_{电}$——电力消耗量，kW·h；

$EF_{电}$——电力排放因子，$kgCO_2/kW \cdot h$；

$M_{水}$——新鲜水/循环水/化学水消耗量，t；

$EF_{水}$——新鲜水/循环水/化学水排放因子，$kgCO_2/t$。

工业生产过程排放计算方法如公式（3–4）所示：

$$E_{过程}=\sum(M_{排放量}\times GWP) \tag{3–4}$$

式中 $E_{过程}$——工业生产过程排放量，kg；

$M_{排放量}$——产能建设和原油生产过程工艺放空甲烷量，$kgCH_4$；

GWP——温室气体全球暖化潜值，即在100年的时间框架内，各种温室气体的温室效应对应于相同效应的二氧化碳的质量，CH_4的GWP值为28。

3.1.4 排放分配

排放分配是指将某一过程或产品系统中的输入和输出流分配到所研究的一个或多个的产品系统中。排放分配包括两种方式：一种是以产品系统潜在物理关系作为分配依据，如质量分配法和体积分配法；另一种是以产品系统其他关系作为分配依据，如按照经济价值成比例分配。根据原油生产碳足迹的性质，如在核算过程中存在共生产品产生的情形，一般采用质量分配法对碳排放量在共生产品间进行分配。

3.1.5 碳足迹计算

经过对产能建设、原油开采、原油集输和原油处理四个阶段二氧化碳排放清单分析，对包含在这四个阶段中的地面工程、石油工程、采油和注驱、集输、油气处理、污水处理和污水回灌等环节的原料带入排放、能源消耗排放、工业生产过程排放和辅助材料带入排放分别进行计算，再将各环节的排放按质量分配给共生产品，即可得到各环节的产品碳足迹。需要注意的是，采用这种方法计算得出的各阶段碳足迹结果，仅代表生产截至这一阶段所产生的碳足迹。

3.2 原油储运碳足迹评价方法

原油储运碳足迹包括原油在油田油库和炼油厂油库的储存排放以及原油从油田油库到炼油厂油库的管输排放。本节分别以原油“储”和“运”两大部分为例，详细介绍原油储运碳足迹的评价方法。

3.2.1 原油储存碳足迹评价方法

在油品储存和收发过程中，存在着油气损耗，进而产生温室气体排放。储罐油品的呼吸损耗是指储罐内的油品在储存过程中，一些较轻的液相组分会发生汽化，使得部分油品逸散到大气环境中，给罐区油品造成损失。储罐的呼吸损耗大体上可分为蒸发损耗、“小呼吸”损耗、“大呼吸”损耗三种[1-3]：一是“小呼吸”损耗，原油在储罐中处于静止状态时，原油蒸汽充满储罐的整个空间，随着外界气温、压力在一天内的升降周期变化，罐内气体的空间温度、油品蒸发速度、油气深度和蒸气压力也在变化，温度的变化会导致轻烃组分热胀冷缩，造成轻烃组分从储罐中逸出，这种损耗称为“小呼吸”损耗；二是“大呼吸”损耗，是指油品收发时的损耗，储罐输出原油时，原油液面的降低导致吸入空气及降低油品蒸气压，促使油品挥发，而储罐输入原油时，由于储罐液面上升，轻烃组分被排出储罐；三是闪蒸排放，是指当原油从分离器进入储罐时，由于压力突然降低，原本高压下溶解在原油里的天然气，由液相“闪蒸”到气相的过程[1,4]。

储罐呼出的气体中含有大量甲烷，原油储存碳足迹主要是由储罐储存单位质量油品的呼吸损耗中的甲烷产生，碳足迹计算如公式（3–5）所示[5]：

$$E_{\mathrm{CO_2e}}=\frac{Q_{\mathrm{q}}\times X_{\mathrm{CH_4}}M_{\mathrm{CH_4}}\times GWP}{V_{\mathrm{m}}\times Q} \tag{3–5}$$

式中 $E_{\mathrm{CO_2e}}$——储运碳足迹，kg/t；

Q_{q}——呼吸损耗量，$\mathrm{m^3/d}$；

$X_{\mathrm{CH_4}}$——呼出气体甲烷的体积分数，%；

$M_{\mathrm{CH_4}}$——甲烷相对分子质量；

V_{m}——气体摩尔体积，22.4 L/mol；

Q——储罐转油量，t/d；

GWP——CH_4全球暖化潜值。

3.2.2 原油运输碳足迹评价方法

原油运输过程是将原油由产地输送到原油加工企业的过程。原油运输企业提供的产品和服务是原油在输转地之间的周转服务，原油每经过不同的周转地点，即代表企业完成一定的“生产”或“服务”任务。原油由起始地经过不同地点进行转移，最终到达炼化企业的过程即是完成产品或服务生产的全过程。因此，原油运输过程的碳足迹评价，是对原油生产企业运输到炼化企业的原油周转过程产生的碳排放量进行评价，以单位输油量的碳排放作为原油运输企业的碳足迹评价指标。通过建立原油周转路径图、分析物料平衡、排放清单、排放分配等过程，进行管道输送过程碳足迹核算。

3.2.2.1 建立原油周转路径图

原油运输企业的经营活动涉及原油产地和炼油厂的整个周转过程。原油管道是完成原油周转过程的主要设施，也是原油运输企业温室气体排放的主要来源。按照多个原油管道的连接顺序关系可以建立原油周转路径，即原油由产地或起始点经过不同输油管道依次输送到炼化企业的周转线路，如图3-1所示。

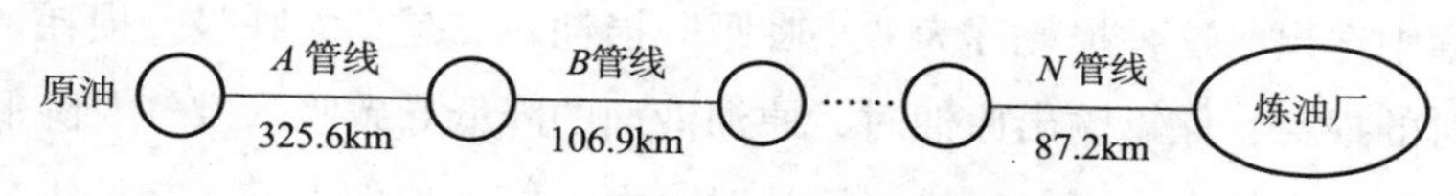

图 3-1 原油周转路径示意图

管道运输企业输送到某个炼油厂的原油可能包括多个来源，不同来源点的原油到炼油厂的输送路径可能不同。原油周转路径图应将炼油厂来自不同收油点的原油均考虑在内，可以通过原油运输过程物料平衡验证。

3.2.2.2 物料平衡分析

原油运输过程的物料平衡分析，是指对进入管道输送企业的原油量与经过不同路径周转到炼油厂的原油量之间的进出平衡关系进行分析。对存在多个原油来源的炼油厂来说，需要逐一列明不同路径的原油运输量。

3.2.2.3 排放清单分析

原油运输过程碳足迹是运输过程输送单位质量原油产生的二氧化碳排放量，原油运输过程的二氧化碳排放量包括原料带入排放、能源消耗排放、工业生产过程排放和辅助材料带入排放，如公式（3-6）所示：

$$E_c=E_{原料}+E_{能耗}+E_{过程}+E_{辅助材料} \tag{3-6}$$

式中　E_c——原油运输管段碳排放量，$kgCO_2$；

$E_{原料}$——原料带入排放，对某管段输送原油过程而言，即为上游管段输送该部分原油到某管段起始点所产生的CO_2排放，$kgCO_2$；

$E_{过程}$——工业生产过程排放，是指原油运输过程产生的放空排放，由于这一阶段产生的工业生产过程排放量较小，可忽略不计；

$E_{辅助材料}$——辅助材料带入排放，即为原油运输过程中所用到的辅助材料在生产阶段产生的CO_2排放，例如添加的减阻剂、清管作业使用的胶球等生产过程产生的排放，辅助材料排放可采用供应商提供的数据，当使用量较小时可忽略；

$E_{能耗}$——能源消耗排放，即为原油运输过程中输油泵站使用的电力、管线保温使用的蒸汽、燃料等能源工质消耗产生的CO_2排放，$kgCO_2$，根据能源消耗量与能耗工质的CO_2排放因子计算，如公式（3-7）所示：

$$E_{能耗}=\sum(AD_i \times EF_i) \tag{3-7}$$

式中　$E_{能耗}$——能耗产生的CO_2排放量，t；

AD_i——第i种能耗介质的使用量；

EF_i——第i种能耗介质的CO_2排放因子；

i——能耗介质的种类。

3.2.2.4　排放分配

原油运输涉及的炼油厂较多，一条输送管道可能会承担向多个炼油厂输送原油的任务，即一条管线其下游可能存在多条分支管线，如图3-2所示。此时需要对上游管线的CO_2排放量在不同输送企业之间进行分配[6]。

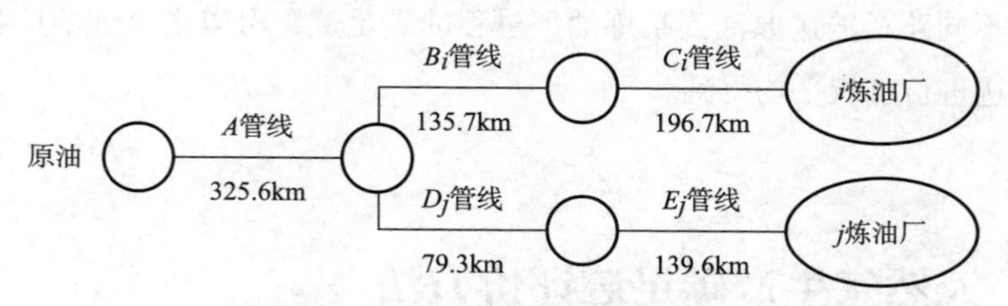

图 3-2　复合周转路径示意图

某管段产生的CO_2排放可采用周转量分配法，即某管线输送原油到某炼油厂产生的排放量由该炼油厂的原油周转量占管线总周转量的比例与管线总排放量计算得到，如公式（3–8）所示：

$$E_i = \frac{T_i}{T} \times E \tag{3-8}$$

式中 E_i——管线输送i炼油厂原油产生的CO_2排放量；

T_i——管线输送到i炼油厂原油的周转量；

T——管线运行过程的总周转量；

E——管线的CO_2排放总量。

经排放分配后，向多个炼油厂输送原油的管道周转路径（复合路径）可以分解为多条仅含有输送单一来源原油的简单运输路径，如图3–3所示。

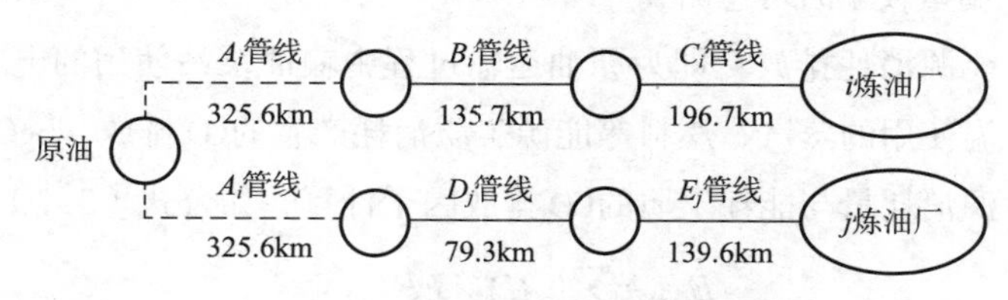

图 3-3 经分解后的简单周转路径示意图

3.2.2.5 碳足迹计算

某输油路径输送某种原油到炼油厂的碳足迹，由该路径上各管段单位输油量碳排放累和得到，如公式（3–9）所示[6]：

$$CF_i = \sum_{j=1}^{j=i-1} CF_j \tag{3-9}$$

式中 CF_i——某条输油路径碳足迹，$kgCO_2/t$；

CF_j——某段输油管道碳排足迹，$kgCO_2/t$；

i、j——构成输油路径的输油管段序号。

通过不同路径输送原油到某炼油厂过程的碳足迹，可以由该炼油厂各输油路径的碳足迹进行加权平均得到。

3.3 天然气生产碳足迹评价方法

天然气碳足迹评价有利于厘清天然气生产过程碳排放水平，更有利于促进天然气生产过程中节能减排的潜力挖掘，为天然气资源发展夯实基础。天然气的生产过程主要包括天然气采输和天然气净化处理两个部分。天然气生产企业以开采天然气单位产品碳排放量作为天然气产品碳足迹评价指标，通过确定评价对象和边界、物料平衡分析、排放清单分析、排放分配等过程，完成天然气产品碳足迹核算。

3.3.1 确定评价对象和边界

天然气生产流程是天然气从气井采出经节流调压后，在分离器中脱出游离水、凝析油及固体机械杂质，计量后输入集气管线，再进入各种站场如集气站、脱水站、天然气凝液回收站（脱烃）、增压站等，然后输入集气总站或天然气净化厂，在天然气净化厂脱除硫化氢、二氧化碳、凝析油、水分，使天然气达到国家规定的外输天然气气质标准。天然气生产是石油化工行业上游生产中重要的经营活动，根据碳足迹生命周期评价法，以大门到大门的方式对天然气生产碳足迹进行核算，其二氧化碳排放包括到达下一个组织前的所有排放。

天然气生产流程如图3-4所示，图3-4中方框部分是可能存在产生碳足迹的环节。天然气水合物是在天然气生产、加工和运输过程中，在一定温度和压力下天然气中的某些烃类（$C_1 \sim C_5$）组分与液态水形成的冰雪状复合物（由气体分子嵌入水的晶格中组成）。严重时，这些水合物能堵塞井筒、管线、阀门和设备，从而影响天然气的开采、集输和加工的正常运行[1]。预防天然气水合物的有效措施有两种：一是将节流前的天然气温度提高，使节流后温度高于水合物生成的温度，这样就可达到预防节流后生成水合物的目的；二是向天然气中注入各种能降低水合物生成温度的天然气水合物抑制剂，常用的抑制剂有甲醇、乙二醇等。因此在对天然气生产碳足迹进行评价时，也要考虑加热或甲醇、乙二醇回收处理所带来的碳排放，具体如图3-4所示。

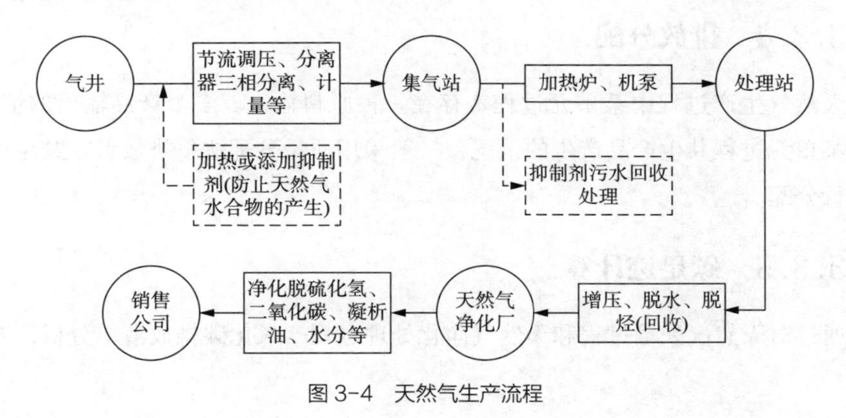

图 3-4 天然气生产流程

第三章 石油化工行业上游企业生产活动碳足迹评价

3.3.2 物料平衡分析

按照企业基准年生产数据完成各环节的物料平衡分析，即对天然气采输和天然气净化处理两个过程中各阶段使用的原料和辅助材料消耗量，以及主要产品和副产品产量建立平衡性清单。

3.3.3 排放清单分析

天然气生产排放包括天然气采输和净化处理过程的二氧化碳排放量，各环节二氧化碳排放源均包括原料带入排放、能源消耗排放、工业生产过程排放以及辅助材料带入排放，如公式（3-10）所示：

$$E_c=E_{原料}+E_{能耗}+E_{过程}+E_{辅助材料} \tag{3-10}$$

式中 E_c——生产环节CO_2排放量，$kgCO_2$；

$E_{原料}$——原料带入排放，即生产各环节投入的原材料带入的CO_2排放，$kgCO_2$；

$E_{能耗}$——能源消耗排放，即生产各环节中电、自用气等能源消耗产生的CO_2排放，$kgCO_2$；

$E_{过程}$——工业生产过程排放，即天然气生产过程中生产工艺本身产生的CO_2，例如采输气过程存在降压带液，此过程造成的天然气损耗计为工业生产过程排放，$kgCO_2$；

$E_{辅助材料}$——辅助材料带入排放，即天然气生产用到的辅助材料生产阶段产生的CO_2排放，若辅助材料用量较少，该部分排放可忽略不计。

各种排放源计算方法同原油生产排放清单分析中的计算方法，此处不再赘述。

3.3.4 排放分配

天然气生产过程中某单元过程，存在一种原料输入、多个产品输出的情形。针对某单元过程共生产品产生的情况，一般采用质量分配法将排放量在共生产品间进行分配。

3.3.5 碳足迹计算

通过对天然气采输过程和天然气净化处理过程二氧化碳排放清单分析，对包含在各环节的原料带入排放、能源消耗排放、工业生产过程排放和辅助材料带入排放分别进行计算，再根据质量平衡法将碳排放分配给共生产品，即可得到天然气产品碳足迹。

3.4 上游企业生产活动典型案例

选取从事原油生产、原油运输、天然气生产活动的企业，以企业实际生产数据为基础，详细说明原油生产碳足迹、原油运输碳足迹、天然气生产碳足迹计算过程，各环节排放量计算所用到的活动数据取自企业实际生产台账，排放因子参照第1.5节内容。

3.4.1 原油生产案例分析

3.4.1.1 企业概况

以某油气田为例，说明原油生产过程碳足迹核算过程。经查取资料，该油气田共有油井280口、水井30口，拥有1座联合站、2座转油站、4座污水处理站，日产油300t，日产液1700t，日注水500m^3，有部分气层气产生，全年生产原油14万t，生产天然气140万m^3。

3.4.1.2 确定评价边界

以该油气田原油产品为评价对象，按照全生命周期评价方法，研究原油产品碳足迹。

原油产品碳足迹按照摇篮到大门的方法进行评价，核算边界包括产能建设、原油开采、原油集输和原油处理。其中产能建设包括地面工程和石油工程，地面工程包括井口采油主要生产设备的安装，集输干线和单井管线的铺设，联合站、增压站、转油站、配液站和废液处理站的建设。石油工程包括油田自开发以来所有钻完井和试油过程。原油生产总流程包括原油开采、原油集输和原油处理，原油生产总流程如图3-5所示。

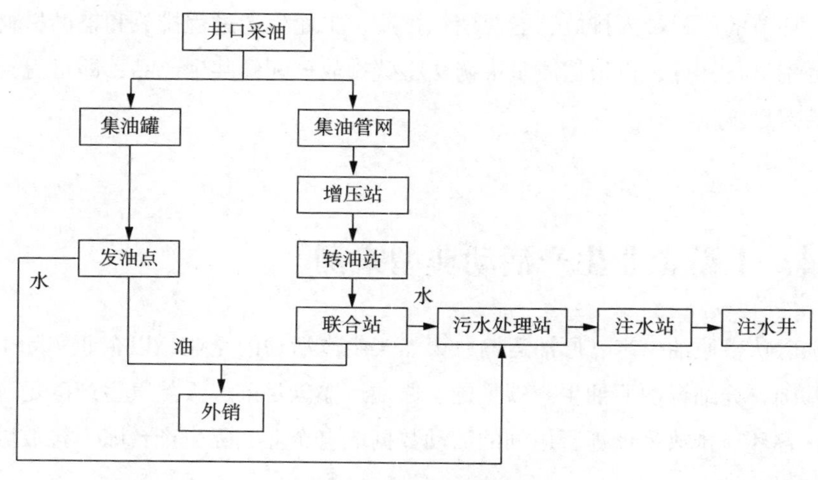

图3-5 原油生产流程

3.4.1.3 碳足迹计算

3.4.1.3.1 产能建设

按照采油厂地面生产系统建设情况，将产能建设过程划分为地面工程和石油工程。产能建设阶段具体来说指的是开发井网钻井，以单井、井组生产需要的零星建设，以满足井区开发需要的小规模生产系统，以及油田整体开发的油田地面生产系统建设，形成相对完善的油气水集输系统、油气水处理系统、注水系统等。

1.地面工程

地面工程包括建设油气水集输系统、油气水处理系统和注水系统。本案例采油厂建成了以联合站为中心，转油站、增压站为节点，集输干线、单井管线为纽带的集输系统。油气水处理系统依附于联合站、转油站、钻井作业废液处理站。为方便研究，将以上三大系统按照设备类型划分为管道铺设、设备安装、处理站建设三大类，按照《石油建设安装工程预算定额》，对管道铺设、设备安装、处理站能耗分别进行统计，进而核算碳排放量。

（1）排放清单

1）原料排放

按照B2B的碳足迹核算评价方法，地面工程阶段原料带入CO_2排放应为0。

2）能源消耗排放

管道铺设排放包括单井管线和工业管线铺设工程所消耗的能耗工质产生的CO_2排放，能源消耗排放见表3–1。

表 3-1　某采油厂管道铺设工程 CO_2 排放量

序号	能耗工质	能耗实物量	碳排放量/$kgCO_2$	占比/%
1	水	2670833t	1201875	0.09
2	电	4144054kW·h	3919031	0.30
3	汽油	9720860kg	31024001	2.40
4	煤油	122201kg	390003	0.03
5	柴油	397261024kg	1255548711	97.17
6	总计		1292083621	100.00

井口设备安装排放包括安装主要生产设备消耗的能耗工质产生的CO_2排放，见表3-2。

表 3-2　某采油厂井口设备安装工程 CO_2 排放量

序号	能耗工质	能耗实物量	碳排放量/$kgCO_2$	占比/%
1	水	63093t	28391	1.65
2	电力	584349kW·h	552619	32.26
3	汽油	17697kg	56480	3.30
4	煤油	36857kg	117630	6.87
5	柴油	303078kg	957884	55.92
6	总计		1713004	100.00

处理站主要包括增压站、转油站、联合站、配液站和废液处理站建设所消耗的水、电等能耗工质产生的CO_2排放，具体数值见表3-3。

表 3-3　某采油厂处理站土建阶段能源消耗 CO_2 排放量

序号	能耗工质	能耗实物量	碳排放量/kgCO2	占比/%
1	水	104185t	46883	1.20
2	电力	2666657kW·h	2521858	64.46
3	汽油	9796kg	31264	0.80
4	煤油	2kg	7	0.00
5	柴油	415230kg	1312342	33.54
6	总计		3912354	100.00

3）地面工程排放汇总

由以上过程可汇总得到地面工程施工阶段产生的 CO_2 排放量，合计排放量为 1297708979 kgCO_2，见表3-4。

表 3-4　某采油厂地面工程排放汇总

序号	排放类型	碳排放量/kgCO2	占比/%
1	原料带入排放	0	0
2	管道铺设能源消耗排放	1292083621	99.57
3	设备安装能源消耗排放	1713004	0.13
4	处理站土建能源消耗排放	3912354	0.30
5	合计排放量	1297708979	100.00

（2）排放分配

地面工程阶段的碳排放分配可按原油产量进行质量分配，该采油厂全部可采原油量为 401×10^4t，因此地面工程阶段的碳足迹为：

$$1297708979\ \text{kgCO}_2 \div (401\times10^4)\ \text{t} = 323\ \text{kgCO}_2/\text{t}$$

2.石油工程

石油工程指油田钻完井和试油气过程。钻井工艺包括直井、定向井、水平井和低伤害配套钻井液体系等钻井工艺，完井工艺包括水平井裸眼封隔器分段压裂预制管柱完井，水平井悬挂尾管完井和固井射孔完井等完井工艺。截至核算年份，本案例采油厂共有井数1052口。

根据钻完井和试油气工程现有数据，结合《石油建设安装工程消耗量定额》，估算1052口井钻完和试油气井能耗，进而计算碳排放量。

（1）排放清单

1）原材料排放

基于B2B碳足迹核算评价方法，石油工程阶段原材料带入CO_2排放应为0。

2）能源消耗排放

钻完井过程中钻机消耗的柴油导致的CO_2排放，见表3-5。

表3-5　某采油厂钻完井工程CO_2排放量

能耗工质	能耗实物量/kg	碳排放量/$kgCO_2$
柴油	172327061	544641951

试油过程中修井机作业消耗的柴油导致的CO_2排放，见表3-6。

表3-6　某采油厂试油气工程CO_2排放量

能耗工质	能耗实物量/kg	碳排放量/$kgCO_2$
柴油	24111840	76205788

3）工业生产过程排放

该排放为试油气过程中工艺放空CH_4，按照CH_4全球暖化潜值将其转化为CO_2当量，结果见表3-7。

表3-7　某采油厂试油气工程工业生产过程排放

工业生产过程排放	排放量/kg	*GWP*	数量	CO_2排放量/$kgCO_2$
放空气CH_4	344160	28	7	67455360

4）石油工程排放汇总

由以上过程可汇总得到石油工程阶段的CO_2排放量，合计排放量为688303099$kgCO_2$，见表3-8。

表 3-8　某采油厂石油工程阶段排放汇总

序号	排放类型	碳排放量/kgCO_2	占比/%
1	原料带入排放	0	0
2	钻完井能源消耗排放	544641951	79.13
3	试油气能源消耗排放	76205788	11.07
4	试油气工业生产过程排放	67455360	9.80
5	合计	688303099	100.00

（2）排放分配

石油工程阶段产生的碳排放分配可按原油产量的质量分配法，该采油厂全部可采原油量为401万t，因此石油工程阶段的碳足迹为：

$$688303099\ kgCO_2 \div (401 \times 10^4)\ t = 171\ kgCO_2/t$$

以上地面工程和石油工程碳足迹汇总，可得出产能建设阶段碳足迹为：

$$323\ kgCO_2/t+171\ kgCO_2/t=494\ kgCO_2/t$$

3.4.1.3.2　原油开采

本案例中原油开采包括驱油物注入和原油采出两个部分。

少数油井经历短时间自喷采油阶段，伴随着油田的进一步开发，机械采油、诊断技术和配套工艺得到进一步发展，有杆泵采油是最主要的采油方式，结构简单，工艺技术成熟，适应性强。油田投入开发后，同年注水，随后注水及配套工艺逐步完善。

（1）物料平衡

该采油厂采油和注驱阶段物料平衡见表3-9。

表 3-9　某采油厂采油和注驱阶段物料平衡

投入	投入量/万t	产出	产出量/万t
注水	18	总液量	59
油水混合物	41		
总计	59	总计	59

（2）排放清单

1）原料带入排放

原油开采阶段原料带入排放主要由新鲜水带入，但因其排放量较小，因此可忽略不计。

2）能源消耗排放

该阶段能源消耗主要是电力使用产生的排放，本案例采油厂采油消耗电力10874023kW·h，注驱消耗电力1533662 kW·h，该阶段能源消耗排放量见表3–10。

表 3-10　某采油厂采油和注驱阶段能源消耗排放

能耗工质	能耗实物量/kW·h	碳排放量/kgCO_2
采油消耗电力	10874023	10286825
注驱消耗电力	1533662	1450845
合计		11737670

3）采油和注驱排放汇总

由以上过程可汇总得到采油和注驱所产生的CO_2排放量，见表3–11。

表 3-11　某采油厂采油和注驱阶段排放量汇总

序号	排放类型	碳排放量/kgCO_2	占比/%
1	原料带入排放	0	0
2	能源消耗排放	11737670	100
3	合计	11737670	100

（3）排放分配

采油和注驱阶段碳排放包括原料带入排放和能源消耗排放，经过采油和注驱采出的总液量的碳足迹为20 kgCO_2/t，即：

$$11737670\ \mathrm{kgCO_2} \div 598700\ \mathrm{t} = 20\ \mathrm{kgCO_2/t}$$

3.4.1.3.3　原油集输

本案例采油厂的原油集输有两种形式：一是管输进站，即丛式井场油水直接管输至联合站集中处理，合格油汽车外运；二是丛式井场集中发油，即几个井组汇集至一个井场进储罐，采用管线输送或罐车拉运至联合站处理，合格原油由汽车外运。

（1）物料平衡

该采油厂原油集输阶段物料平衡见表3-12。

表 3-12　某采油厂原油集输阶段物料平衡

投入	投入量/万t	产出	产出量/万t
井口总液量	59	处理站总液量	59

（2）排放清单

1）原料带入排放

原料带入排放主要由来自井口的总液量带入，来自井口的总液量为59万t，采油和注驱阶段产生的碳排放强度为20 $kgCO_2/t$，因此原材料带入排放量为：

$$59 \times 10^4 t \times 20\ kgCO_2/t = 11800000\ kgCO_2$$

2）能源消耗排放

该阶段能源消耗主要是集输过程加热使用天然气和原煤导致的CO_2排放，见表3-13。

表 3-13　某采油厂原油集输阶段能耗使用产生的 CO_2 排放

序号	能耗工质	能耗实物量	碳排放量/$kgCO_2$	占比/%
1	天然气	916t	2427811	27.07
2	原煤	2492000kg	6541500	72.93
3	总计		8969311	100.00

3）工业生产过程排放

该排放为原油生产阶段产生的工艺放空CH_4量，按照CH_4全球暖化潜值将其转化为CO_2当量，结果见表3-14。

表 3-14　某采油厂集输过程工业生产过程排放

工业生产过程排放	排放量/kg	*GWP*	CO_2排放量/$kgCO_2$
放空CH_4	609000	28	17052000

4）原油集输排放汇总

由以上过程可汇总得到原油集输过程CO_2排放量，见表3-15。

表 3-15 某采油厂原油集输过程 CO_2 排放量汇总

序号	排放类型	碳排放量/kgCO_2	占比/%
1	原料带入排放	11800000	31.20
2	能源消耗排放	8969311	23.71
3	工业生产过程排放	17052000	45.09
4	合计	37821311	100.00

（3）排放分配

原油集输过程碳排放包括原材料带入排放、能源消耗排放和工业生产过程排放，经过集输过程，到达处理站的总液量碳足迹为64 kgCO_2/t，即：

$$37821311\ kgCO_2 \div 590000t = 64\ kgCO_2/t$$

3.4.1.3.4 原油处理

本案例采油厂的原油处理过程包括油气处理、污水处理和污水回灌，该采油厂建成了以联合站为中心，转油站、增压站为节点的油气处理系统。水处理系统主要依附于联合站、转油站和钻井作业废液处理站。

1.油气处理

增压站主要功能是将周边单井来液通过增压撬增压输至联合站，工艺流程为井组来液经进站阀组进入油气混输集成装置，将原油进行过滤、加热、气液分离，增压输至联合站。

转油站主要工艺流程为各增压站及井组来液经进站阀组进入生产汇管，进入四项分离器进行预脱水，脱水后进加热炉，加热后进四项分离器二次脱水，处理后的原油经外输泵泵至联合站，分离出污水进入站内污水处理及注水系统，脱出的天然气，一部分用作站内加热炉燃料气，一部分用作附近采油区锅炉燃料气，剩余气经压缩机压缩后并入外输管线混输至联合站。

联合站主要工艺流程为转油站、增压站、井组来液，分区块进入换热器，加热到50~55℃后进入四项分离器，进行油、气、水、砂四相计量，油水室设高低液位就地显示、远传及液位调节，油水出口设流量计量，净化油去原稳装置或进罐区存储，伴生气去轻烃装置，含油污水去污水处理系统统一处理合格后回注地层。

（1）物料平衡

该采油厂油气处理阶段物料平衡见表3-16。

表 3-16　某采油厂油气处理阶段物料平衡

投入	投入量/万t	产出	产出量/万t
处理站总液量	59	原油产量	14
		未经处理的污水	45
总计	59	总计	59

（2）排放清单

1）原料带入排放

原料带入排放主要由处理站总液量带入，由运输过程产生的总液量为59万t，运输阶段碳排放强度为64 $kgCO_2/t$，因此原料带入排放量为：

$$59 \times 10^4 t \times 64\ kgCO_2/t = 37760000\ kgCO_2$$

2）能源消耗排放

该阶段能源消耗主要是电力使用产生的排放，油气处理消耗电力2128918kW·h，该阶段能源消耗排放见表3-17。

表 3-17　某采油厂油气处理阶段能耗使用产生的 CO_2 排放

能耗工质	能耗实物量/kW·h	碳排放量/$kgCO_2$
电力	2128918	2013317

3）油气处理排放汇总

由以上过程可汇总得到油气处理的CO_2排放量，见表3-18。

表 3-18　某采油厂油气处理阶段排放量汇总

序号	排放类型	碳排放量/$kgCO_2$	占比/%
1	原料带入排放	37760000	94.94
2	能源消耗排放	2013317	5.06
3	合计	39773317	100

（3）排放分配

油气处理阶段碳排放包括原料带入排放和能源消耗排放，即：

$$39773317\ kgCO_2 \div 598600t = 66\ kgCO_2/t$$

因此，经过油气处理后的原油和污水碳足迹为66 $kgCO_2/t$。

2.污水处理

污水处理阶段主要针对来水中的含油物和悬浮物进行处理，以达到排放标准。

（1）物料平衡

本案例采油厂污水处理阶段物料平衡如表3–19所示。

表 3-19　某采油厂污水处理阶段物料平衡

投入	投入量/万t	产出	产出量/万t
未经处理的污水	45	处理后的污水	45

（2）排放清单

1）原料带入排放

原料带入排放主要包括由未经处理的污水带入，未经处理的污水量为45万t，油气处理阶段碳排放强度为66$kgCO_2/t$，因此原料带入排放量为：

$$45 \times 10^4 t \times 66\ kgCO_2/t = 29700000\ kgCO_2$$

2）能源消耗排放

该阶段能源消耗主要是电力使用产生的排放，污水处理消耗电力2898479kW·h，该阶段能源消耗排放计算见表3–20。

表 3-20 某采油厂污水处理阶段能耗使用产生的 CO_2 排放

能耗工质	能耗实物量/kW·h	碳排放量/$kgCO_2$
电力	2898479	2741092

3）污水处理排放汇总

由以上过程可汇总得到污水处理阶段产生的CO_2排放量，见表3-21。

表 3-21 某采油厂污水处理阶段排放量汇总

序号	排放类型	碳排放量/$kgCO_2$	占比/%
1	原料带入排放	29700000	91.55
2	能源消耗排放	2741092	8.45
3	合计	32441092	100

（3）排放分配

污水处理阶段碳排放包括原材料带入排放和能耗消耗排放，经过处理产生的污水的碳足迹为72$kgCO_2$/t，即：

$$32441092\ kgCO_2 \div 450000t = 72\ kgCO_2/t$$

3.污水回灌

油田采出水均输送至联合站和转油脱水站统一处理，达标后回注地下，不外排。

（1）物料平衡

该采油厂污水回灌阶段物料平衡见表3-22。

表 3-22 某采油厂污水回灌阶段物料平衡

序号	投入	投入量/t	产出	产出量/t
1	处理后的污水	450000	回灌水	500000
2	上年度转至今年的回灌水	50000		
3	总计	500000	总计	500000

（2）排放清单

1）原料带入排放

原材料带入排放主要由处理后的污水带入，上年度转至当年的回灌水碳足迹无从查证，因此这部分排放不计入，污水处理阶段碳排放强度为72kgCO_2/t，因此原材料带入排放量为：

$$450000\ t \times 72\ kgCO_2/t=32400000\ kgCO_2$$

2）能源消耗排放

该阶段能源消耗主要是电力使用产生的排放，污水回灌消耗电力2896500 kW·h，该阶段能源消耗排放计算见表3-23。

表3-23　某采油厂污水回灌阶段能耗使用产生的CO_2排放

能耗工质	能耗实物量/kW·h	碳排放量/kgCO_2
电力	2896500	2739220

3）污水回灌排放汇总

由以上过程可汇总得到污水回灌阶段产生的CO_2排放量，见表3-24。

表3-24　某采油厂污水处理阶段排放量汇总

序号	排放类型	碳排放量/kgCO_2	占比/%
1	原料带入排放	32400000	92.20
2	能源消耗排放	2739220	7.80
3	合计排放量	35139220	100.00

（3）排放分配

污水回灌阶段碳排放包括原材料带入排放和能源消耗排放，污水经回灌，碳足迹为69kgCO_2/t，即：

$$35139220\ kgCO_2\ \div 500000t = 70\ kgCO_2/t$$

3.4.1.3.5　碳足迹排放汇总

各阶段CO_2排放汇总见表3-25。

表 3-25 原油生产过程碳足迹汇总 tCO_2/t

生产阶段	原料带入碳足迹	能源消耗碳足迹	工业生产过程碳足迹	总计
地面工程	0	323		323
石油工程	0	154	17	171
采油和注驱	0	20		20
集输	20	15	28	64
油气处理	63	3		66
污水处理	66	6		72
污水回灌	65	5		70

表3-25为原油生产过程中，原料带入排放、能源消耗排放和工业生产过程排放在各阶段的碳排放强度，总计得到的即为生产进行到某阶段的碳足迹，其中，地面工程和石油工程碳足迹属于产能建设阶段的碳足迹，这两个阶段碳足迹数据是将所属阶段所有排放量分配给可采周期内的产量得到的数据，且由这两个阶段得出的结果之和为产能建设阶段碳足迹（494 $kgCO_2/t$），其余各阶段碳足迹数据是将所属阶段的排放量分配给核算年份原油产量，分别为原油生产进行到采油和注驱、集输、油气处理、污水处理和污水回灌五个阶段的累计碳足迹结果。该油田开采出的原油碳足迹为油气处理阶段碳足迹结果，其结果为66 $kgCO_2/t$。

各阶段原料带入排放、能源消耗排放和工业生产过程排放结果如图3-6所示，从图3-6中可以看出，产能建设阶段（地面工程和石油工程）碳排放主要来源为能源消耗排放，产能建设阶段打井周期长、钻井深度深，铺设单井管道数量多，导致大量柴油消耗，因此产能建设阶段能源消耗排放高。采油和注驱阶段主要排放来源为能源消耗排放，集输过程主要排放源为工业生产过程排放和能源消耗排放，这些排放均作为原料排放带入油气处理环节，因此减少采油和注驱阶段能源消耗排放、集输过程及工业生产过程排放和能源消耗排放对于降低原油碳足迹具有重要作用。

3.4.2 原油运输案例分析

3.4.2.1 企业概况

本书以某管道储运公司原油运输过程为例，说明原油运输过程碳足迹评价方

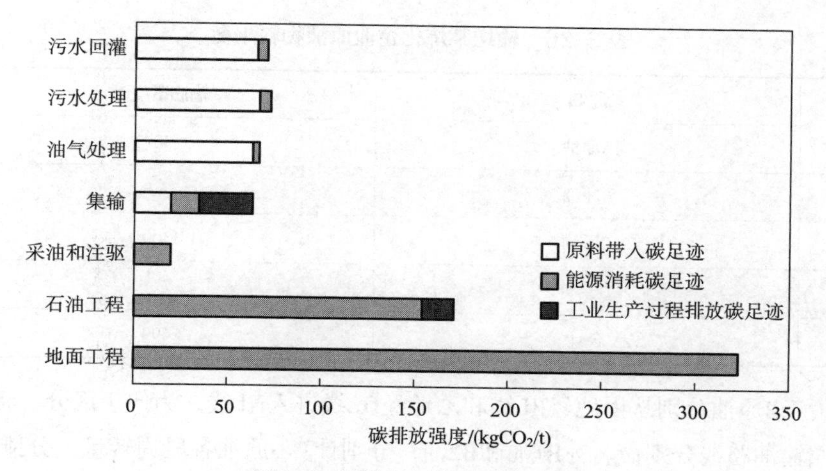

图 3-6 原油生产过程碳足迹结果

法。本案例中的管道公司以油田和大型原油码头为接卸中心，运输4种原油进入某炼化企业，总计输油量为1500万t/a，管线长度达3183 km，该管线系统可为某炼化企业提供国内原油与进口原油灵活调运的管道运输线路。

3.4.2.2 建立原油周转路径

管道公司输送四种原油到某炼化企业，各种原油周转路径如图3-7所示。

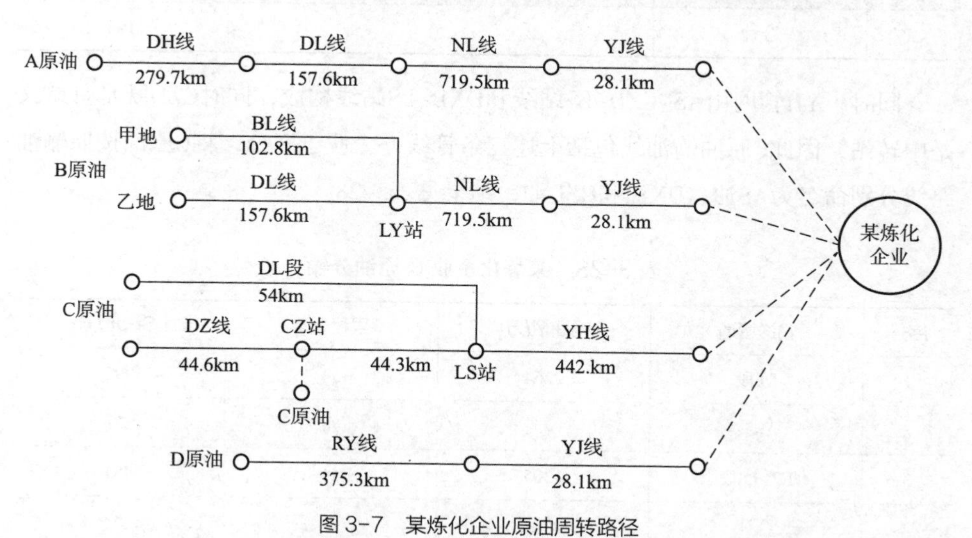

图 3-7 某炼化企业原油周转路径

3.4.2.3 物料平衡分析

管道公司输送原油到某炼化企业的输油量见表3-26。

表 3-26 输送某炼化企业原油物料平衡

序号	原油	输油量/万t
1	A原油	30
2	B原油	167
3	C原油	1300
4	D原油	2
5	合计	1499

由于B原油分别从甲地经BL线和乙地经DL线进入NL线，为便于区分，将B原油按照输油路线分别命名为B1油和B2油，分别计算B原油各段周转量，分摊结果见表3-27。

表 3-27 某炼化企业 B 原油分输

序号	输送管道	原油量/万t	里程/km	分摊量/万t
1	DL线	8258052	157	149
2	BL线	964614	102	17
3	合计			166

同时，YH管网由AS-CZD-LS站线和DXD-LS站线构成，同时CZD既是首站又是中转站，因此C原油输油线包括上述三条管线，为便于区分，将C原油按照输油路线分别命名为AS油、DX油和CZD油，结果见表3-28。

表 3-28 某炼化企业 C 原油分输

序号	输送管道	输油量/万t	里程/km	LS-JL/万t
1	DL段	2264	54	792
2	AZ线	75	88	26
3	CZ-LS段	1305	44	481
4	合计			1299

以上推导过程，可将图3-7复合周转路径分解为若干简单周转路径，如图3-8所示。

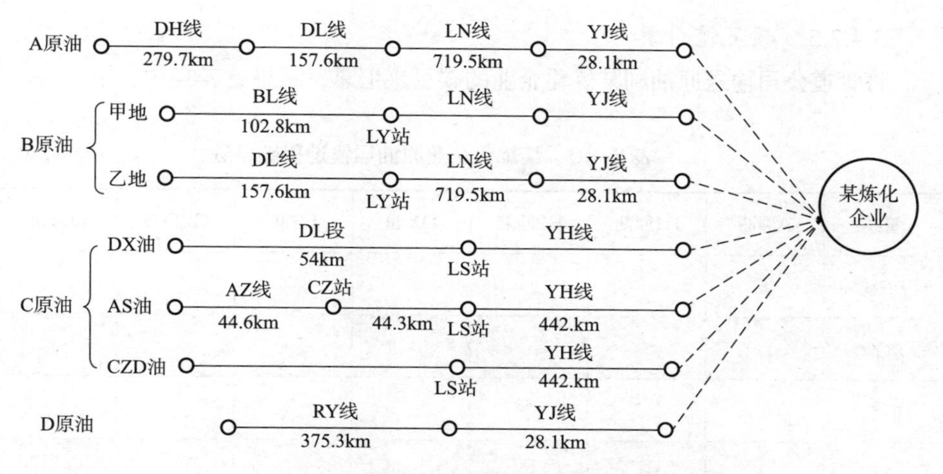

图 3-8　某炼化企业原油周转路径分解图

3.4.2.4　排放清单分析

将管道公司输送原油到某炼化企业各管线产生的CO_2排放量汇总，结果见表3-29。

表 3-29　某炼化企业原油运输过程 CO_2 排放量　$kgCO_2$

管线	A原油	B1原油	B2原油	DX油	AS油	CZD油	D原油
DH线	1615169	0	0	0	0	0	0
DL线	1715399	8483488	0	0	0	0	0
BL线	0	0	646886	0	0	0	0
LN线	4657141	23031847	2692434	0	0	0	0
RY线	0	0	0	0	0	0	143677
CZ-LS段	0	0	0	0	0	2928742	0
DL段	0	0	0	5870015	0	0	0
AZ线	0	0	0	0	645592	0	0
YH线	0	0	0	48047159	1607233	29221310	0
YJ线	482945	2388398	279205	0	0	0	46747
合计	8470654	33903733	3618525	53917174	2252825	32150052	190424

3.4.2.5　碳足迹计算

将管道公司输送原油到某炼化企业的碳足迹汇总，结果见表3-30。

表3-30　某炼化企业原油运输过程碳足迹　$kgCO_2/t$

管线	A原油	B1原油	B2原油	DX油	LS油	CZD油	D原油
DH线	5						
DL线	11	5					
BL线			3				
LN线	26	21	19				
RY线							4
CZ-LS段						1	
DL段				1			
DZ线					2		
YHN线				6	8	6	
YJ线	27	22	20				6

表3-31中的碳足迹数据表示管道运输原油到某段产生的累计碳排放强度，每种原油最后一段管线的碳足迹数据为管输该种原油经过各段管线运输后，最后得出的碳足迹数据。

将各来源原油碳足迹经过加权平均计算，即可得到该炼化企业原油运输过程碳足迹，如下所示：

$$\frac{27\times30.27+22\times149.70+20\times17.50+6\times792.20+8\times26.50+6\times481.80+6\times2.93}{30.27+149.70+17.50+792.20+26.50+481.80+2.93}$$
$$=8.94(kgCO_2/t)$$

根据各管段碳足迹计算结果，得出某炼化企业原油周转路径碳足迹结果汇总图，如图3-9所示。从图3-9中可以清晰地看出原油周转各个路径所产生的碳排放强度，企业可根据该结果进行原油周转路线碳排放优化。

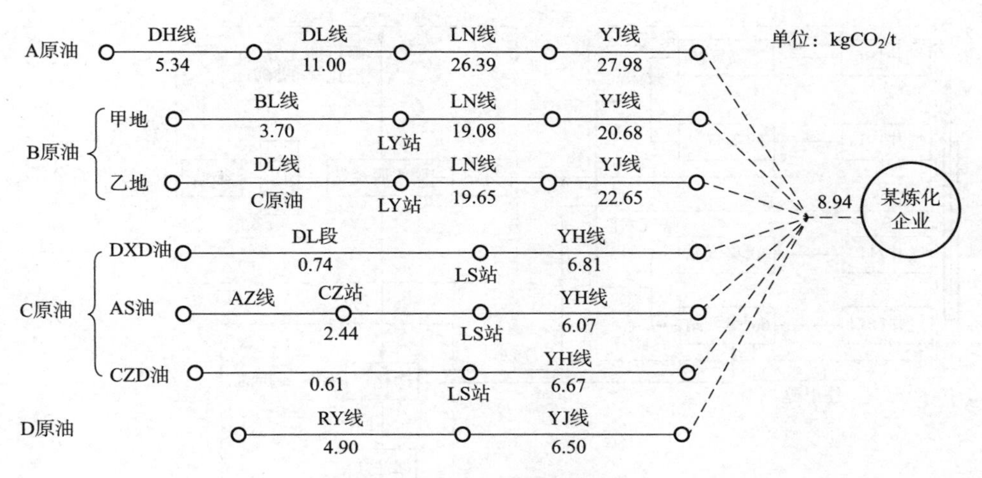

图 3-9　某炼化企业原油周转碳足迹

3.4.3　天然气生产案例分析

3.4.3.1　企业概况

某采气厂井口气年产气量31亿m^3，日产气量870万m^3，生产气井1636口，管辖集气站64座，输气站3座，气田处理站1座，甲醇污水处理站4座。

3.4.3.2　确定评价边界

本案例对天然气生产过程开展碳足迹核算评价，天然气生产过程包括采输气过程和净化处理过程。天然气采输是将井口开采出的天然气通过管线输送至集输站，集输站集中处理天然气的过程。天然气净化处理是对天然气进行脱水脱烃处理和加压处理，并将脱出的污水回注处理。可将以上两个过程进一步细分为开采环节、集输环节、脱水脱烃环节、增压过程、净化环节。天然气生产流程如图3–10所示。

3.4.3.3　碳足迹计算

1.采输环节

天然气采输环节是将开采出的天然气输送到集气站，经过集气站集中加热、节流降压、低温分离等处理，再集中外送到净化处理站的过程。

（1）物料平衡

该采气厂采气A区物料平衡见表3–31。

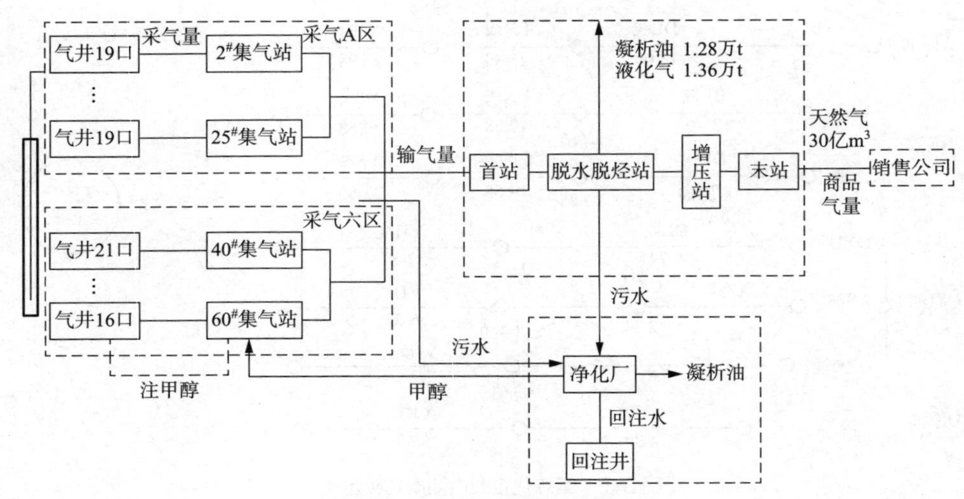

图 3-10　某采气厂天然气生产流程

表 3-31　某采气厂采气 A 区物料平衡

投入	投入量/t	产出	产出量
输气量/m^3	435096554	输气量/m^3	424897648
注入甲醇/t	3251	自用气量/m^3	9408518
		损耗气量/m^3	4829723

（2）排放清单

1）原料带入排放

采气A区采输环节原料包括气井采出的天然气和净化厂污水处理过程中分离出来的甲醇，来自气井的天然气原料不带入CO_2排放，甲醇在净化厂获取阶段产生碳排放，因此该环节原料带入排放仅计入甲醇获取阶段产生的CO_2排放，见表3-32。其余采气区情况相同，不再赘述。

表 3-32　某采气厂采气 A 区原料带入排放

原料来源	投入量/ t	碳排放量/ $kgCO_2$
甲醇	3251	3151201

2）能源消耗排放

采气A区采输环节能源消耗排放主要包括集气站加热炉燃料燃烧排放和机泵

使用电力产生的排放，具体数值见表3-33。

表 3-33　采气厂采气 A 区能源消耗排放

能耗工质	消耗量	碳排放量/kgCO$_2$	占比/%
电	2484379kW·h	2489596	9.61
自用气	10694509m^3	23420974	90.39
合计		25910570	100.00

3）工业生产过程排放

在采气环节，集气站需定期进行气体放空，以便降压带液，该部分损耗气属于工业生产过程排放，根据CH_4的*GWP*值，将该部分排放转化为CO_2当量，见表3-34。其余采气区情况相同，不再赘述。

表 3-34　某采气厂采气 A 区工业生产过程排放

工业生产过程排放	消耗量/m^3	碳排放量/kgCO$_2$
损耗气	4829723	108185795

4）采气A区排放汇总

将以上排放汇总，得到采气A区CO_2排放量，见表3-35。

表 3-35　某采气厂采气 A 区排放汇总

序号	排放类型	碳排放量/kgCO$_2$	占比/%
1	原料带入排放	3151201	2.30
2	能源消耗排放	25910570	18.88
3	工业生产过程排放	108185795	78.82
4	合计	137247566	100.00

（3）排放分配

采气A区CO_2排放分配可按产品质量分配法，产品量为该区全年输气量339918 t，采气A区产品碳足迹：

$$137247566\ kgCO_2 \div 339918\ t = 404\ kgCO_2/t$$

其余采气区也以同样方法进行计算，将该采气厂六个采气区碳足迹结果汇总，见表3-36。

表 3-36　采气厂碳足迹汇总

序号	产品来源	产量/t	碳足迹/（$kgCO_2/t$）
1	采气A区输气量	339918	404
2	采气B区输气量	536889	278
3	采气C区输气量	302737	443
4	采气D区输气量	591722	264
5	采气E区输气量	521749	295
6	采气F区输气量	156281	746

将各采气区碳足迹结果加权平均后，即可得到该采气厂采输环节碳足迹结果，各区碳足迹加权平均结果为346 $kgCO_2/t$，具体计算过程如下：

$$\frac{339918\times404+536889\times278+302737\times443+591722\times264+521749.03\times295+156281.47\times746}{339918+536889+302737+591722+521749+156281}$$
$=346(kgCO_2/t)$

2.双脱环节

本案例采气厂的脱水脱烃站主要功能是将增压站来气进行低温分离处理，以降低天然气的水露点和烃露点，处理后的干燥天然气再回增压站增压外输，分离出的凝液分馏处理，以回收轻烃。主要流程如图3-11所示。

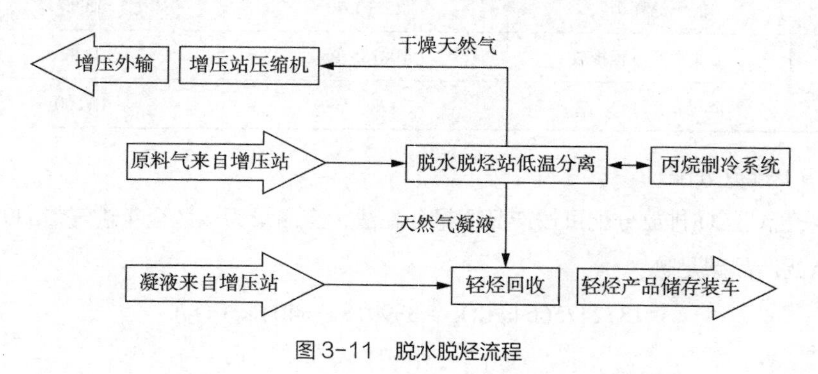

图 3-11　脱水脱烃流程

（1）物料平衡

采气厂天然气脱水脱烃站（双脱站）物料平衡，见表3-37。

表3-37　某采气厂双脱站物料平衡

投入	投入量	产出	产出量
集气站输气量/t	2449298	凝析油/t	12829
		液化气/t	13589
		商品气量/t	2381289
		自用气量/m^3	6459125
		损耗气量/m^3	798545

（2）排放清单

1）原材料排放

双脱站的原料为集气站的输气量，因此原料带入排放为各采气区CO_2排放量之和，其排放见表3-38。

表3-38　采气一厂双脱站原料带入排放

原料来源	投入量/t	碳排放量/kgCO_2
集气站输气量	2449298	847457108

2）能源消耗排放

双脱站能源消耗排放主要包括燃料燃烧排放和机泵使用电力产生的能源排放，具体数值见表3-39。

表3-39　采气厂双脱站能源消耗排放

序号	能耗工质	消耗量	碳排放量/kgCO_2	占比/%
1	电	10824400kW·h	10847131	40.54
2	自用气	7264112m^3	15908405	59.46
3	合计		26755536	100.00

3）工业生产过程排放

双脱站工业过程排放主要来自损耗气，结果见表3-40。

表 3-40　采气厂双脱站工业生产过程排放

工业生产过程排放	排放量/m^3	碳排放量/$kgCO_2$
损耗气	798545	17887408

4）双脱站排放汇总

将以上排放汇总，得到采气厂双脱站CO_2排放量，见表3-41。

表 3-41　采气厂双脱站排放汇总

序号	排放类型	碳排放量/$kgCO_2$	占比/%
1	原料带入排放	847457108	95.00
2	能源消耗排放	26755536	3.00
3	工业生产过程排放	17887408	2.00
4	合计	891585853	100.00

（3）排放分配

该采气厂双脱环节CO_2排放分配可按产品质量分配法，产品量为该区凝析油、液化气和商品气量之和，双脱站产品碳足迹计算如下：

$$892100052\ kgCO_2 \div (12829+13589+2381289)\ t = 370\ kgCO_2/t$$

3.增压环节

本案例采气厂增压环节，主要是对井口来气进行增压外输，该过程通常采用往复式压缩机提供动力。

（1）物料平衡

本案例采气厂天然气增压站生产物料平衡见表3-42。

表 3-42　采气厂增压站物料平衡

投入	投入量/t	产出	产出量/t
集气站输气量	2381289	商品气量	2381289

（2）排放清单

1）原材料排放

增压站的原料来自双脱站的输气量，因此该部分排放为双脱站输气量带入的排放，见表3-43。

表 3-43　采气厂增压站原料带入排放

原料来源	投入量/t	碳排放量/$kgCO_2$
集气站输气量	2381289	881802886

2）能源消耗排放

采气厂增压站能源消耗排放主要是机泵使用电力产生的能源间接排放，具体数值见表3-44。

表 3-44　采气厂增压环节能源消耗排放

能耗工质	消耗量/kW·h	碳排放量/$kgCO_2$
电	106469911	106693497

3）增压站排放汇总

将以上排放汇总，得到采气厂增压站CO_2排放量，见表3-45。

表 3-45　采气厂增压站排放汇总

序号	排放类型	碳排放量/$kgCO_2$	占比/%
1	原料带入排放	881802886	89.21
2	能源消耗排放	106693497	10.79
3	合计	988496383	100.00

（3）排放分配

该采气厂增压环节CO_2排放分配可按产品质量分配法，产品量为该厂商品气量2381289 t，增压站产品碳足迹计算如下所示：

$$988496383\ kgCO_2 \div 2381289\ t = 415\ kgCO_2/t$$

4.净化环节

案例采气厂净化环节主要承担集气站来水处理，甲醇污水经原料泵加压后进入粗过滤器，然后加入防腐阻垢剂，随后甲醇污水与原料–塔底水换热器、原料–二次蒸汽换热器及原料加热器换热，经过精细过滤器过滤后进入甲醇精馏塔。塔底水用精馏塔底出水泵抽出，一部分污水作为循环水进入塔底重沸器，重沸器采用蒸汽加热，塔底水经加热后部分水汽化返回精馏塔；另一部分水作为塔底产品与原料换热至40℃左右去脱甲醇废水处理间，经处理后回注地下。精馏塔顶甲醇蒸汽经空冷器冷却后，进入甲醇回流罐，然后经精馏塔顶回流泵加压，一部分甲醇作为塔顶回流进入甲醇精馏塔，一部分甲醇作为产品送入产品罐区。

（1）物料平衡

本案例采气厂净化厂生产物料平衡见表3–46。

表 3-46　采气厂净化厂物料平衡

投入	投入量	产出	产出量
接收污水量/t	398341	处理污水量/t	542017
		凝析油/t	16198
		回收甲醇量/t	26133
		自用气量/t	9132

（2）排放清单

1）能源消耗排放

该采气厂净化环节能源消耗排放主要包括净化厂的加热炉燃料燃烧排放和机泵电力使用产生的排放，具体数值见表3–47。

表 3-47　采气厂净化环节能源消耗排放

能耗工质	消耗量	碳排放量/kgCO_2	占比/%
电	5317049kW·h	5328215	21.04
自用气	9132620m^3	20000437	78.96
合计		25328652	100.00

（3）排放分配

案例采气厂净化环节CO_2排放量可按质量分配法进行分配，产品量为回收甲醇量26133 t，净化环节产品碳足迹如下：

$$25328652\ kgCO_2 \div 26133\ t = 969\ kgCO_2/t$$

5.结果汇总

将各环节碳排放汇总，得到采气厂天然气生产各环节碳足迹，见表3-48。

表3-48 天然气生产各阶段碳足迹结果

生产环节	产品来源	产品量/t	碳足迹/（$kgCO_2/t$）
采输环节	采气A区	339918	404
	采气B区	536889	278
	采气C区	302737	443
	采气D区	591723	264
	采气E区	521749	295
	采气F区	156281	746
	合计	2449298	346
净化环节	双脱环节	2407708	370
	增压环节	2381290	415
	净化环节	26133	969

表3-48中结果表示在天然气生产过程中，生产累积到某阶段的碳足迹，其中，六个采气区碳足迹通过加权平均得到采输环节碳足迹，采输环节的碳足迹作为双脱环节原材料带入排放，该采气厂天然气产品碳足迹即为增压环节碳足迹结果，天然气产品碳足迹为415 $kgCO_2/t$。

各阶段原料带入排放碳足迹、能源消耗碳足迹及工业生产过程碳足迹如图3-12所示，采输环节碳排放主要来源是工业生产过程排放，工业生产过程排放为各区损耗气产生的排放；双脱环节和增压环节碳排放主要来源是原料带入排放，即来自采输环节的原料带入的排放，因此降低采输环节工业生产过程排放对于降低该厂碳足迹具有明显作用。净化环节碳足迹较高，主要是净化环节未将废水产生的排放进行分配，仅考虑回收甲醇量对于CO_2排放的分配。

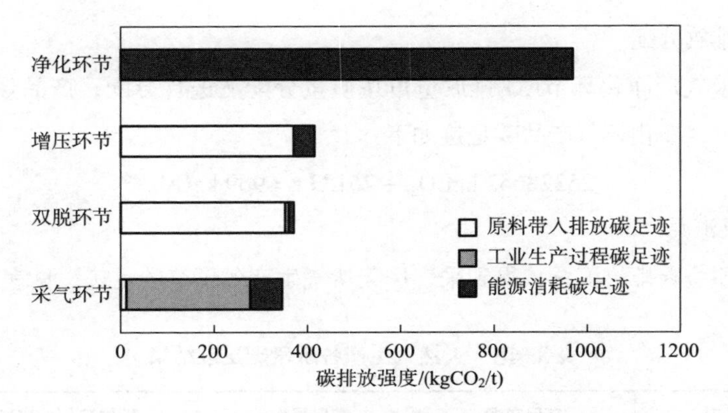

图 3-12　采气厂采输天然气各环节产品碳足迹

参考文献

[1] 郑炜博. 胜利油田联合站储罐呼吸损耗监测技术研究[D]. 青岛：中国石油大学(华东), 2016.

[2] 钱锡俊, 陈泓. 油气储运技术[M]. 北京：石油大学出版社.

[3] 陈志. 降低油品蒸发损耗的措施[J]. 油气储运, 1999(4): 12-14.

[4] 贾志慧. 石油储运过程罐区风险分析与储罐油气蒸发损耗量估算研究[D]. 北京：中国矿业大学, 2014.

[5] 孙东, 郑炜博, 周广响, 等. 原油储罐温室气体平均排放因子研究[J]. 油气田地面工程, 2016, 35(11): 24-26.

[6] 田涛, 王之茵, 杜永鑫. 原油输送过程碳足迹核算与评价研究[J]. 中外能源, 2020, 25(06): 83-89.

第四章

石油化工行业中游企业生产活动碳足迹评价

石油化工和化工企业中游生产活动是指石油炼制、化工基础原料生产、煤化工产品生产等过程。本章选取了炼油、化工、煤化工生产过程中的典型产品，从全生命周期角度出发，计算产品碳足迹。

4.1 炼油产品生产过程碳足迹评价方法

4.1.1 确定工艺流程

在确定评价对象后，按照质量分配法，在评价时间范围内需要对产品生产阶段所涉及的装置进行碳足迹核算。确定炼油产品生产总流程图以及产量，包括物质流、能源流等，确认对所选产品生产阶段碳排放有影响的材料、活动及过程。

4.1.2 评价方法

炼油产品碳足迹是生产单位质量炼油产品过程中产生的二氧化碳排放量，产品生产过程二氧化碳排放包括原料带入排放、能源消耗排放、工业生产过程排放，以及辅助材料带入排放。原料带入排放是指原料获取阶段产生的二氧化碳，例如，加氢裂化装置的蜡油原料在生产过程中产生的二氧化碳，作为加氢裂化装置的原料带入排放；能源消耗排放是指产品生产过程中所涉及装置能耗工质消耗产生的二氧化碳，能耗工质包括水、电力、蒸汽、燃料等；工业生产过程排放是指产品生产过程工艺副产的二氧化碳，例如，催化裂化装置在生产过程中催化烧焦产生的二氧化碳，工业生产过程排放量按照1.5.2节中方法确定；辅助材料带入排放指产品生产过程中所用到的辅助材料生产阶段产生的二氧化碳，在炼油产品的生产过程中，氢气来源广泛，其排放因子不能通过某套装置的碳足迹核算结果确定，且现行标准中尚未对氢气碳排放的归类作明确规定，因此本书将氢气作为辅助材料，其排放因子按照不同氢气来源进行确定，若未规定氢气来源，则按照氢气管网排放因子进行计算。即：

$$E_c = E_{原料} + E_{能耗} + E_{过程} + E_{辅助材料} \quad (4-1)$$

式中 E_c——产品生产过程二氧化碳排放，CO_2；

$E_{原料}$——原料带入排放，$kgCO_2$；

$E_{能耗}$——能源消耗排放，$kgCO_2$；

$E_{过程}$——工业生产过程排放，$kgCO_2$；

$E_{辅助材料}$——辅助材料带入排放，$kgCO_2$。

原料带入排放包括自产原料带入排放和外购原料带入排放，计算方法如下：

$$E_{原料} = E_{自产原料} + E_{外购原料} = \sum(M_{自产原料} \times e_{上游装置生产}) + \sum(M_{外购原料} \times e_{外购原料生产}) \quad (4-2)$$

式中 $M_{自产原料}$——自产原料消耗量，t；

$e_{上游装置生产}$——上游装置碳排放强度，$kgCO_2/t$；

$M_{外购原料}$——外购原料消耗量，t；

$e_{外购原料生产}$——外购原料的碳排放因子，$kgCO_2/t$。

各生产装置的能源消耗包括电、蒸汽、水、燃料气、净化风/非净化风和氮气等。生产装置能耗碳排放量的计算方法如下：

$$E_{能耗} = M_{电} \times e_{电} + \sum(M_{输入蒸汽} \times e_{输入蒸汽}) + \sum(M_{水} \times e_{水}) + M_{燃料} \times e_{燃料} + \sum(M_{风} \times e_{风}) + M_{氮气} \times e_{氮气} - \sum(M_{输出蒸汽} \times e_{输出蒸汽}) \quad (4-3)$$

式中 $M_{电}$——装置耗电量，kW·h；

$e_{电}$——电力碳排放因子，$kgCO_2/kW \cdot h$；

$M_{输入蒸汽}$——生产装置不同等级蒸汽输入量，t；

$e_{输入蒸汽}$——输入蒸汽碳排放因子，$kgCO_2/t$；

$M_{水}$——生产装置不同类型水消耗量，t；

$e_{水}$——生产和供应不同类型水的碳排放因子，$kgCO_2/t$；

$M_{燃料}$——生产过程中燃料消耗量，m^3；

$e_{燃料}$——燃料燃烧的碳排放因子，$kgCO_2/m^3$；

$M_{风}$——生产装置耗风量，m^3；

$e_{风}$——风的碳排放因子，$kgCO_2/m^3$；

$M_{氮气}$——生产装置氮气消耗量，m^3；

$e_{氮气}$——氮气的碳排放因子，$kgCO_2/m^3$；

$M_{输出蒸汽}$——生产装置不同等级蒸汽输出量，t；

$e_{输出蒸汽}$——输出不同等级蒸汽碳排放因子，$kgCO_2/t$。

4.1.3 排放清单分析

在炼油产品生产过程中，排放清单分析是对各装置使用到的原材料、辅助材料、能源消耗以及工业生产过程带入或产生的二氧化碳排放数据建立清单，在计算排放量时，需使用各种原料、辅助材料、耗能工质的活动数据和碳排放因子，活动数据可通过实际生产数据获得，各种耗能工质的CO_2排放因子按照以下方法予以确定。

4.1.3.1 燃料类

在炼油产品的生产过程中，涉及的燃料类包括燃料油、天然气、液化石油气和甲烷氢等，燃料排放因子计算方法见第1.5.3节，下同。

4.1.3.2 蒸汽、电

蒸汽作为石油化工生产过程中一种重要的能源，具有热值高、加热速度快、经济性好、应用灵活等优点，是石油化工过程加热、蒸馏、精馏等常用的介质。

在石油化工生产过程中，电力是一种不可或缺的二次能源。石油化工行业生产线长、涉及面广、自动化程度高、装置间关联复杂，多个生产运行环节都需要电力消耗。石油化工企业大多具备热电联产的自备热电站，在降低能耗、提高效益及维持企业电网的有功平衡、电压稳定等方面发挥了重要作用。电力排放因子根据国家最新发布的电网排放因子或不同区域电网排放因子予以确定。

4.1.3.3 水

在炼油产品的生产过程中，使用到的水包括新鲜水、除盐水、软化水、循环水、除氧水和凝结水等。新鲜水是由供水公司简单处理后得到的，一般用作消防用水、循环水补水和生产给水；一级除盐水是将水中机械杂质和钙镁离子等成垢物质去除后得到的水；二级除盐水是将一级除盐水中的阴阳离子进一步去除后得到的水；除氧水是将除盐水中的溶解氧脱除后得到的，可减轻氧腐蚀危害；循环水作为冷却介质，一般用于系统换热，可循环使用；蒸汽凝结水为生产工艺提供热源，维持介质温度，确保流动性。

4.1.3.4　氮气、空气

在炼油产品生产过程中，消耗的气体工质包括氮气、净化风和非净化风等。

氮气作为一种化学性质稳定的保护气体，在石油化工产品生产过程中可广泛用于避免可燃气体、爆炸性混合气体的形成，此外，还可用于催化剂保护、分子筛再生、压缩机组干气密封等。在石油化工行业中，工业风经压缩、干燥、过滤，得到净化空气，又称仪表风，可以为仪表提供动力；非净化空气是指未通过干燥器除水的压缩空气，一般用于吹扫、置换。

4.2　化工产品生产过程碳足迹评价方法

4.2.1　确定工艺流程

在确定评价对象后，按照质量分配法的碳足迹核算方法，在评价时间范围内需要对化工产品生产阶段所涉及的装置进行碳足迹核算。确定化工产品生产总流程图、原料消耗量以及产品产量，包括物质流、能源流等，确认对所选产品生产阶段碳排放有影响的材料、活动及过程。

4.2.2　评价方法

化工产品碳足迹是生产化工产品过程中产生的单位产品二氧化碳排放量，产品生产过程二氧化碳排放量包括原料带入排放、能源消耗排放、工业生产过程排放和辅助材料带入排放。不同排放源的计算方法与炼油产品相同，在此不再赘述。

4.2.3　排放清单分析

在化工产品生产过程中，排放清单分析是对各装置使用到的原材料、辅助材料、能源消耗以及工业生产过程带入或产生的二氧化碳排放数据建立清单，在计算排放量时，需使用各种原料、辅助材料、耗能工质的活动数据和碳排放因子，活动数据可通过实际生产数据获得，各种耗能工质的CO_2排放因子按照以下方法予以确定。

4.2.3.1 燃料类

在本书化工产品案例的生产过程中，涉及的燃料类包括燃料油、天然气、干气、液化石油气和甲烷氢等，燃料排放因子计算方法见第1.5.3节，下同。

4.2.3.2 蒸汽、电

在本书化工产品案例的加工过程中，消耗的蒸汽主要包括3.5 MPa蒸汽、1.0 MPa蒸汽和0.35 MPa蒸汽。

4.2.3.3 水

在本书化工产品案例的生产过程中，使用到的水工质包括新鲜水、除盐水、软化水、循环水、除氧水和凝结水等。

4.2.3.4 氮气、空气

在本书化工产品案例生产过程中，消耗的气体工质包括氮气、净化风和非净化风等。

4.3 煤化工产品生产过程碳足迹评价方法

4.3.1 确定工艺流程

在确定评价对象后，按照质量分配法的碳足迹核算方法，在评价时间范围内需要对煤化工产品生产阶段所涉及的装置进行碳足迹核算。确定煤化工产品生产总流程图以及各装置投入产出情况，包括物质流、能源流等，确认对所选产品生产阶段碳排放有影响的材料、活动及过程。

4.3.2 评价方法

煤化工产品碳足迹是生产单位质量煤化工产品过程中产生的二氧化碳排放量，产品生产过程二氧化碳排放包括原料带入排放、能源消耗排放和工业生产过程排放，不同排放源的计算方法与炼油产品相同，在此不再赘述。

4.3.3 排放清单分析

在煤化工产品生产过程中，排放清单分析是对各装置使用到的原材料、辅助材料、能源消耗以及工业生产过程带入或产生的二氧化碳排放数据建立清单，在计算排放量时，需使用各种原料、辅助材料、耗能工质的活动数据和碳排放因子，活动数据可通过实际生产数据获得，各种耗能工质的CO_2排放因子按照以下方法予以确定。

4.3.3.1 燃料类

在本书煤化工产品案例的生产过程中，涉及的燃料类包括燃料油、天然气、干气、液化石油气和甲烷氢等，其排放因子计算方法见第1.5.3节，下同。

4.3.3.2 蒸汽、电

在本书煤化工产品案例的生产过程中，消耗的蒸汽主要包括9.8 MPa蒸汽、3.8 MPa蒸汽，2.5 MPa蒸汽、1.0 MPa蒸汽和0.5 MPa蒸汽。

4.3.3.3 水

在本书煤化工产品案例的生产过程中，消耗的水工质包括新鲜水、除盐水、循环水和凝结水等。

4.3.3.4 氮气、空气

在本书煤化工产品案例的生产过程中，消耗的气体工质包括氮气、净化压缩空气和非净化压缩空气等。

4.4 石油化工产品碳足迹评价典型案例

4.4.1 汽油产品碳足迹

4.4.1.1 评价对象和边界

以某炼化企业生产的汽油为评价对象，按照全生命周期评价方法，计算生产单位质量汽油产品的温室气体排放量，以当量二氧化碳（CO_2e）排放量计量。系统边界范围为该企业炼油厂，采用B2B的碳足迹核算方法，包括从原油进厂到汽油产品出厂的所有加工过程。

4.4.1.2 搭建总加工流程

汽油产品主要由该炼化企业炼油厂炼油部生产，生产汽油的原料主要为甲基叔丁基醚（MTBE）、加氢汽油和重整生成油，加工流程如图4-1所示。

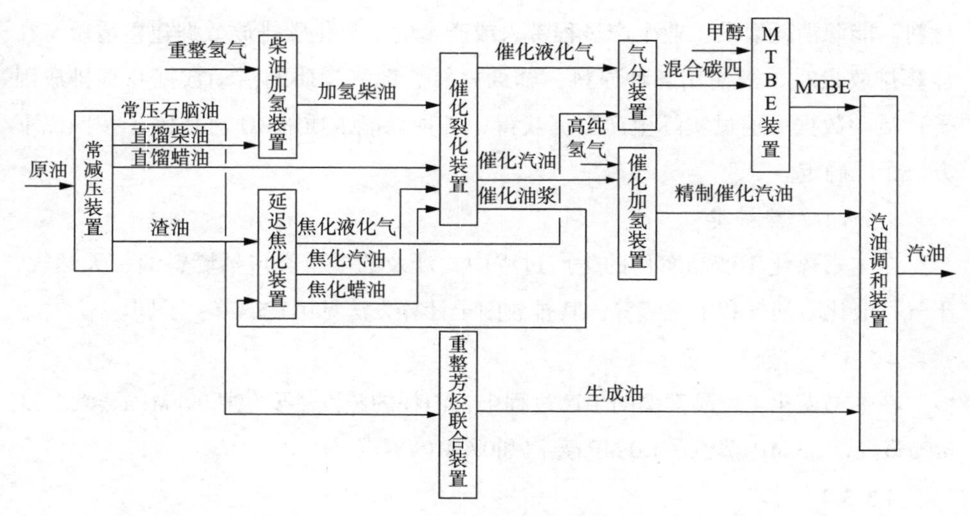

图 4-1　汽油生产流程图

4.4.1.3　汽油产品碳足迹评价

在汽油产品的生产过程中，产生的碳排放主要包括原料带入排放、能源消耗排放、工业生产过程排放和辅助材料带入排放。其中，涉及工业生产过程排放的装置主要包括催化裂化装置；辅助材料为氢气，涉及辅助材料带入排放的装置包括柴油加氢和汽油加氢装置。

1.常减压装置

原油进入常减压装置进行加工，经电脱盐系统、常压系统、减压系统、轻烃回收系统等部分后，得到三顶气、石脑油、常一线航煤料、柴油加氢料、减压蜡油、渣油等产物，作为延迟焦化、催化裂化等装置的原料。

（1）物料平衡

常减压装置物料平衡见表4-1。

表 4-1　常减压装置物料平衡

进料	加工量/t	出料	产量/t
原油	3000000	三顶气	12408
		石脑油	339141
		常一线航煤料	174726

续表

进料	加工量/t	出料	产量/t
原油	3000000	柴油加氢料	434685
		减压蜡油	1108860
		渣油	927183
		损失	2997
合计	3000000	合计	3000000

（2）排放清单

1）能源消耗排放

常减压装置能源消耗排放主要包括常压加热炉燃烧排放、减压加热炉燃烧排放和消耗蒸汽、水、电等能耗工质产生的能源间接排放，具体数值见表4-2。

表 4-2　常减压蒸馏装置能源消耗产生 CO_2 排放量

能耗工质	消耗量	碳排放量/kgCO_2	占比/%
新鲜水	0	0	
循环水	11160000t	2354760	2.25
除氧水	0	0	
除盐水	0	0	
软化水	120000t	84360	0.08
电	23940000kW·h	13909140	13.30
3.5MPa蒸汽	0	0	
1.0MPa蒸汽	54000t	16890120	16.15
0.35MPa蒸汽	0	0	
燃料气	27300t	71364930	68.22
合计		104603310	100.00

2）常减压装置排放汇总

由以上过程可汇总得到常减压装置的CO_2排放量，合计排放量为104603310 kgCO_2。

（3）排放分配

常减压装置的碳排放分配可按全装置质量分配法进行，该装置的产品损失量不参与碳排放分配，即参与分配的物料量为2997003t。后文中若出现参与分配物料量与物料平衡表中合计量不一致的情况，皆遵循该分配原则，不再一一赘述，即：

$$104603310\ kgCO_2 \div 2997003\ t = 34.9\ kgCO_2/t$$

2.延迟焦化装置

焦化原料减压渣油、液态烃、燃料油以及催化裂化油浆进入延迟焦化装置进行加工，焦化过程产生的油气从焦炭塔顶部到分馏塔中进行分馏，可获得焦化干气、焦化液化气、焦化汽油、焦化柴油、焦化蜡油产品；留在焦炭塔中的焦炭经除焦系统处理，可获得石油焦产品。

（1）物料平衡

延迟焦化装置物料平衡见表4–3。

表 4-3　延迟焦化装置物料平衡

进料	加工量/t	出料	产量/t
减压渣油	409100	焦化干气	24684
液态烃	17549	焦化液化气	27963
燃料油	119500	焦化汽油	127057
催化裂化油浆	50082	焦化柴油	184235
		焦化蜡油	33866
		石油焦	197830
		损失	596
合计	596231	合计	596231

（2）排放清单

1）原料带入排放

延迟焦化装置的原料主要为来自常减压装置的减压渣油，延迟焦化装置原料带入CO_2排放量见表4–4。

表 4-4　延迟焦化装置原料带入排放

原料来源	投入量/t	CO_2排放量/$kgCO_2$
减压渣油	409100	14277590
汽柴油加氢	17549	3492251
外购燃料油	119500	—
催化裂化油浆	50082	9535613
合计		27305454

2）能源消耗排放

延迟焦化装置能源消耗产生的CO_2排放量见表4-5。

表 4-5　延迟焦化装置能源消耗产生 CO_2 排放量

能耗工质	消耗量	碳排放量/$kgCO_2$	占比/%
新鲜水	35774t	18889	0.02
循环水	7876216t	1661882	2.02
除氧水	83472t	1908170	2.32
除盐水	0	0	0
凝结水	0	0	0
电	9217736kW·h	5355505	6.51
3.5MPa蒸汽	0	0	0
1.0MPa蒸汽	97782t	30584254	37.18
0.35MPa蒸汽	33985t	9231006	11.22
燃料气	12813t	33494464	40.73
合计		82254170	100.00

3）延迟焦化装置排放汇总

由以上过程可汇总得到延迟焦化装置生产过程的CO_2排放量，见表4-6。

表 4-6 延迟焦化装置生产过程排放量汇总

排放类型	排放量/kgCO_2	占比/%
原料带入排放	27305454	75.08
能源消耗排放	82254170	24.92
合计	109559624	100.00

（3）排放分配

延迟焦化装置产品碳足迹包括原料带入排放和能源消耗排放，即：

$$109559624\ kgCO_2 \div 595635\ t = 183.9 kgCO_2/t$$

3.汽柴油加氢装置

焦化柴油、含氢气体、常压柴油、焦化汽油以及催化柴油的混合原料进入汽柴油加氢装置进行加工，经过分馏、脱硫、氢气提纯等环节，实现原料中的硫、氮、氧及金属杂质的脱除，并饱和烯烃和芳烃，得到加氢汽柴油等产物。

（1）物料平衡

汽柴油加氢装置物料平衡见表4-7。

表 4-7 汽柴油加氢装置物料平衡

进料	加工量/t	出料	产量/t
氢气	194	液态烃	17549
焦化柴油	184235	石脑油	90623
含氢气体	11455	柴油	563170
常压柴油	153896	酸性气	17902
焦化汽油	101932	损失	710
催化柴油	238242		
合计	689954	合计	689954

（2）排放清单

1）原料带入排放

汽柴油加氢装置原料主要为来自延迟焦化装置的焦化汽油、焦化柴油，常减压装置的柴油，催化裂化装置的催化柴油以及重整装置含氢气体，汽柴油加氢装置原料带入CO_2排放量见表4-8。

表4-8 汽柴油加氢装置原料带入CO_2排放量

原料来源	投入量/t	CO_2排放量/kgCO_2
焦化柴油	184235	33888286
含氢气体	11455	1905628
柴油	153896	5371341
焦化汽油	101932	18749379
催化柴油	238242	45353007
合计	689760	105267641

2）能源消耗排放

汽柴油加氢装置能源消耗产生的CO_2排放量见表4-9。

表4-9 汽柴油加氢装置能源消耗产生CO_2排放量

序号	能耗工质	消耗量	碳排放量/kgCO_2	占比/%
1	新鲜水	0	0	0
2	循环水	1014232t	214003	0.71
3	除氧水	0	0	0
4	除盐水	0	0	0
5	凝结水	0	0	0
6	电	13971560kW·h	8117477	26.99
7	3.5MPa蒸汽	0	0	0
8	1.0MPa蒸汽	13799t	4316074	14.35
9	0.35MPa蒸汽	0	0	0
10	燃料气	6665t	17422852	57.94
11	合计		30070406	100.00

3）辅助材料带入排放

汽柴油加氢装置的辅助材料为来自干气制氢的氢气，碳足迹为9810 kgCO_2/t，故辅助材料带入CO_2排放量为：

$$9810\ kgCO_2/t \times 194\ t = 1903140\ kgCO_2$$

4）汽柴油加氢装置排放汇总

由以上过程可汇总得到汽柴油加氢装置CO_2排放量，见表4-10。

表 4-10 汽柴油加氢装置的 CO_2 排放量汇总

序号	排放类型	排放量/$kgCO_2$	占比/%
1	原料带入排放	105267641	76.70
2	能源消耗排放	30070406	21.91
3	辅助材料带入排放	1903140	1.39
4	合计	137241187	100.00

（3）排放分配

汽柴油加氢装置产品碳足迹包括原料带入排放、能源消耗排放和辅助材料带入排放，即：

$$137241187\ kgCO_2 \div 689244\ t = 199.1\ kgCO_2/t$$

4.催化裂化装置

加氢柴油、常减压装置的蜡油、延迟焦化装置的焦化蜡油和其他原料经混合后进入催化裂化装置进行加工，先后经过反应–再生系统、分馏系统、稳定系统、烟气脱硝系统等，得到催化干气、催化液化气、催化汽油、催化柴油等产物。

（1）物料平衡

催化裂化装置物料平衡见表4-11。

表 4-11 催化裂化装置物料平衡

进料	加工量/t	出料	产量/t
加氢柴油	3110	催化酸性气	4330
常减压蜡油	1108860	催化液化气	286335
焦化蜡油	33512	催化汽油	493568
其他原料	23797	催化柴油	238242

续表

进料	加工量/t	出料	产量/t
		催化油浆	50082
		催化干气	45987
		烧焦	49096
		损失	1639
合计	1170148	合计	1170148

（2）排放清单

1）原料带入排放

催化裂化装置的原料主要为加氢柴油、常减压蜡油、焦化蜡油等，原料带入CO_2排放量见表4-12。

表4-12 催化裂化装置原料带入CO_2排放量

序号	原料来源	投入量/t	CO_2排放量/$kgCO_2$
1	加氢柴油	3110	619284
2	常减压蜡油	1108860	38699213
3	焦化蜡油	33512	6159506
4	其他原料	23797	4373889
5	合计	1169279	49851892

2）能源消耗排放

催化裂化装置能源消耗产生的CO_2排放量见表4-13。

表4-13 催化裂化装置能源消耗产生CO_2排放量

序号	能耗工质	消耗量	碳排放量/$kgCO_2$	占比/%
1	新鲜水	3510t	1854	0.01
2	循环水	28083551t	5925629	31.99
3	除氧水	479761t	10967329	59.20
4	除盐水	0	0	0

续表

序号	能耗工质	消耗量	碳排放量/$kgCO_2$	占比/%
5	凝结水	81910t	57583	0.31
6	电	26398538kW·h	15337551	82.79
7	3.5MPa蒸汽	1170t	423781	2.29
8	1.0MPa蒸汽	−163821t	−51239844	−276.58
9	0.35MPa蒸汽	0	0	0
10	燃料干气	0	0	0
11	脱乙烯干气	0	0	0
12	合计		−18526117	

注：表中能耗工质消耗量出现负值说明生产过程中产生该能耗工质，对应碳排放量为负值，下同。

3）工业生产过程排放

催化裂化装置工业生产过程CO_2排放量为191117928 $kgCO_2$。

4）催化裂化装置排放汇总

由以上过程可汇总得到催化裂化装置的CO_2排放量，见表4-14。

表4-14　催化裂化装置的 CO_2 排放量

序号	排放类型	排放量/$kgCO_2$	占比/%
1	原料带入排放	45891892	22.41
2	能源消耗排放	−18526117	−8.33
3	工业生产过程排放	191117928	85.92
4	合计	222443703	100.00

（3）排放分配

催化裂化装置产品碳足迹包括原料带入排放、能源消耗排放和工业生产过程排放，即：

$$222443703\ kgCO_2 \div 1168509\ t = 190.4\ kgCO_2/t$$

5.催化重整装置

催化重整装置原料常压石脑油进入重整装置进行加工，可获得重整生成油、副产氢气等。

(1)物料平衡

催化重整装置物料平衡见表4-15。

表4-15 催化重整装置物料平衡

进料	加工量/t	出料	产量/t
石脑油	290000	干气	13485
		液化气	3016
		重整生成油	222517
		含氢气体	14007
		重整酸性气	3915
		轻石脑油	32915
		损失	145
合计	290000	合计	290000

(2)排放清单

1)原料带入排放

重整装置的原料主要为来自常减压装置的石脑油，催化重整装置原料带入CO_2排放量见表4-16。

表4-16 催化重整装置原料带入CO_2排放量

原料来源	投入量/t	碳排放强度/($kgCO_2/t$)	CO_2排放量/$kgCO_2$
常减压石脑油	290000	34.9	10121000

2)能源消耗排放

催化重整装置能源消耗产生的CO_2排放量见表4-17。

表4-17 催化重整装置能源消耗产生CO_2排放量

序号	能耗工质	消耗量	碳排放量/$kgCO_2$	占比/%
1	新鲜水	0	0	0
2	循环水	3219000t	679209	1.78

续表

序号	能耗工质	消耗量	碳排放量/$kgCO_2$	占比/%
3	除氧水	0	0	0
4	除盐水	0	0	0
5	凝结水	0	0	0
6	电	14946600kW·h	8683975	22.79
7	3.5MPa蒸汽	0	0	0
8	1.0MPa蒸汽	252t	78914	0.21
9	0.35MPa蒸汽	0	0	0
10	燃料气	10962t	28655764	75.22
11	合计		38097862	100.00

3）催化重整装置排放汇总

由以上过程可汇总得到催化重整装置生产过程的CO_2排放量，见表4-18。

表 4-18　催化重整装置生产过程 CO_2 排放量

序号	排放类型	排放量/$kgCO_2$	占比/%
1	原料带入排放	10121000	20.99
2	能源消耗排放	38097862	79.01
3	合计	48218862	100.00

（3）排放分配

催化重整装置产品碳足迹包括原料带入排放和能源消耗排放，即：

$$48218862\ kgCO_2 \div 289855\ t = 166.4\ kgCO_2/t$$

6.汽油加氢装置

催化汽油原料进入汽油加氢装置进行加工，实现原料中硫、氮、氧杂质的脱除，并饱和烯烃和芳烃，得到加氢汽油等产物。

（1）物料平衡

汽油加氢装置物料平衡见表4-19。

表 4-19　汽油加氢装置物料平衡

进料	加工量/t	出料	产量/t
氢气	439	加氢汽油	462965
催化汽油	493568	其他汽油组分	30055
		催汽酸性气	741
		损失	246
合计	494007	合计	494007

（2）排放清单

1）原料带入排放

加氢装置原料主要为来自催化裂化装置的催化汽油，汽油加氢装置原料带入CO_2排放量为93958242kg。

2）能源消耗排放

汽油加氢装置能源消耗产生的CO_2排放量见表4-20。

表 4-20　汽油加氢装置能源消耗产生 CO_2 排放量

序号	能耗工质	消耗量	碳排放量/kgCO_2	占比/%
1	新鲜水	0	0	0
2	循环水	2356415t	497204	3.91
3	除氧水	0	0	0
4	除盐水	0	0	0
5	凝结水	0	0	0
6	电	6797542kW·h	3949371	31.07
7	3.5MPa蒸汽	0	0	0
8	1.0MPa蒸汽	0	0	0
9	0.35MPa蒸汽	0	0	0

续表

序号	能耗工质	消耗量	碳排放量/$kgCO_2$	占比/%
10	燃料气	3162t	8264863	65.02
11	合计		12711438	100.00

3）辅助材料带入排放

汽油加氢装置的辅助材料为来自干气制氢的氢气，碳足迹为9810 $kgCO_2/t$，故辅助材料带入CO_2排放量为：

$$9810\ kgCO_2/t \times 439\ t = 4306590\ kgCO_2$$

4）汽油加氢装置排放汇总

由以上过程可汇总得到汽油加氢装置CO_2排放量，见表4-21。

表 4-21　汽油加氢装置 CO_2 的排放量汇总

序号	排放类型	排放量/$kgCO_2$	占比/%
1	原料带入排放	93958242	84.67
2	能源消耗排放	12711438	11.45
3	辅助材料带入排放	4306590	3.88
4	合计	110976270	100.00

（3）排放分配

汽油加氢装置产品碳足迹包括原料带入排放、能源消耗排放和辅助材料带入排放，即：

$$110976270\ kgCO_2 \div 493761\ t = 224.8 kgCO_2/t$$

7.气分装置

焦化液化气、催化液化气进入气分装置进行加工，实现原料中的碳三、碳四的分离，获得化工原料及干气等。

（1）物料平衡

气分装置物料平衡见表4-22。

表 4-22 气分装置物料平衡

进料	加工量/t	出料	产量/t
聚丙烯返料	9579	气分干气	9716
催化液化气	286335	气分液化气	33457
焦化液化气	27963	气分丙烯	89131
		气分混合碳四	191055
		损失	518
合计	323877	合计	323877

（2）排放清单

1）原料带入排放

气分装置原料主要为来自延迟焦化装置的焦化液化气、催化裂化装置的催化液化气以及聚丙烯装置的聚丙烯返料，气分装置原料带入CO_2排放量见表4-23。

表 4-23 气分装置原料带入 CO_2 排放量

序号	原料来源	投入量/t	CO_2排放量/$kgCO_2$
1	聚丙烯返料	9579	4117755
2	催化液化气	286335	54508254
3	焦化液化气	27963	5143562
4	合计	323877	63769571

2）能源消耗排放

气分装置能源消耗产生的CO_2排放量见表4-24。

表 4-24 气分装置能源消耗产生 CO_2 排放量

序号	能耗工质	消耗量	碳排放量/$kgCO_2$	占比/%
1	新鲜水	0	0	0
2	循环水	16885819t	3562908	25.91
3	除氧水	0	0	0
4	除盐水	0	0	0

续表

序号	能耗工质	消耗量	碳排放量/$kgCO_2$	占比/%
5	凝结水	0	0	0
6	电	3265475kW·h	1897241	13.80
7	3.5MPa蒸汽	0	0	0
8	1.0MPa蒸汽	26190t	8191646	59.58
9	0.35MPa蒸汽	280t	75954	0.55
10	燃料气	0	0	0
11	低温热	6324t	22211	0.16
12	合计		13749960	100.00

3）气分装置排放汇总

由以上过程可汇总得到气分装置CO_2排放量，见表4-25。

表4-25　气分装置的CO_2排放量

序号	排放类型	排放量/$kgCO_2$	占比/%
1	原料带入排放	63769571	82.26
2	能源消耗排放	13749960	17.74
3	合计排放量	77519531	100.00

（3）排放分配

气分装置产品碳足迹包括原料带入排放和能源消耗排放，即：

$$77519531\ kgCO_2 \div 323359\ t = 239.7\ kgCO_2/t$$

8.MTBE装置

气分混合碳四进入MTBE装置进行加工，生产MTBE，获得醚后碳四。

（1）物料平衡

MTBE装置物料平衡见表4-26。

表 4-26 MTBE 装置物料平衡

进料	加工量/t	出料	产量/t
气分混合碳四	191055	MTBE	36289
甲醇	9658	醚后碳四	164223
		损失	201
合计	200713	合计	200713

（2）排放清单

1）原料带入排放

MTBE装置原料主要为来自气分装置的混合碳四，MTBE装置原料带入CO_2排放量见表4–27。

表 4-27 MTBE 装置原料带入 CO_2 排放量

序号	原料来源	投入量/t	CO_2排放量/kgCO_2
1	气分混合碳四	191055	45802055
2	甲醇	9658	15742540
3	合计	200713	61544595

2）能源消耗排放

MTBE装置能源消耗产生的CO_2排放量见表4–28。

表 4-28 MTBE 装置能源消耗产生 CO_2 排放量

序号	能耗工质	消耗量	碳排放量/kgCO_2	占比/%
1	新鲜水	0	0	0
2	循环水	18656142t	3936446	3.91
3	除氧水	0	0	0
4	除盐水	0	0	0
5	凝结水	0	0	0
6	电	53817268kW·h	31267833	31.07
7	3.5MPa蒸汽	0	0	0

续表

序号	能耗工质	消耗量	碳排放量/kgCO_2	占比/%
8	1.0MPa蒸汽	0	0	0
9	0.35MPa蒸汽	0	0	0
10	燃料气	25034t	65434290	65.02
11	合计		100638569	100.00

3）MTBE装置排放汇总

由以上过程可汇总得到MTBE装置CO_2排放量，见表4-29。

表 4-29 MTBE 装置的 CO_2 排放量

序号	排放类型	排放量/kgCO_2	占比/%
1	原料带入排放	61544595	37.95
2	能源消耗排放	100638569	62.05
3	合计	162183164	100.00

（3）排放分配

MTBE装置产品碳足迹包括原料带入排放和能源消耗排放，即：

$$162183164\ kgCO_2 \div 200512\ t = 808.8\ kgCO_2/t$$

9.汽油调和

炼油厂汽油经过调和生产出合格的95#汽油，其中分别来自MTBE装置生产的MTBE、汽油加氢装置生产的汽油以及重整装置生产的重整生成油。通过各组分加权平均值求得汽油产品的碳足迹，汽油产品碳排放量汇总见表4-30。

表 4-30 汽油产品碳排放量汇总

类别	质量/t	排放量/kgCO_2
MTBE	36289	29352068
汽油加氢汽油	462965	104054791
重整生成油	222517	37017429
合计	721771	170424288

汽油的碳足迹为：

$$170424288\ kgCO_2 \div 721771\ t = 236.1\ kgCO_2/t$$

图4-2为汽油不同调和组分质量及碳排放占比，从图中可以看出MTBE质量占比仅为5.03%，而其碳排放占比达到了17.22%，是质量占比的3倍以上。MTBE在汽油碳足迹中的贡献率最大。

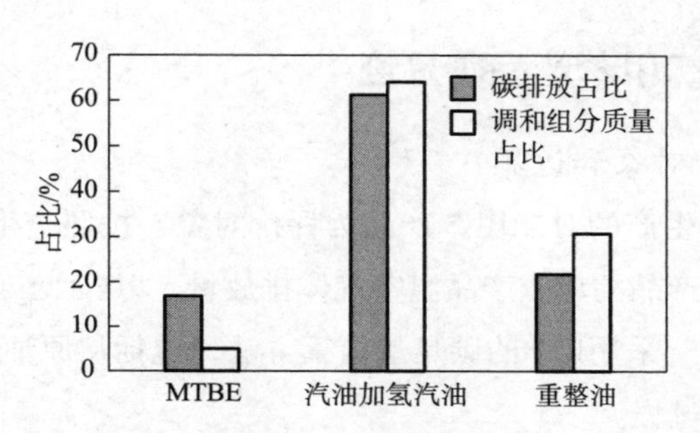

图 4-2 汽油不同调和组分质量及碳排放占比

4.4.1.4 汽油产品碳足迹分析

将汽油生产过程各装置的碳排放强度汇总，如图4-3所示。

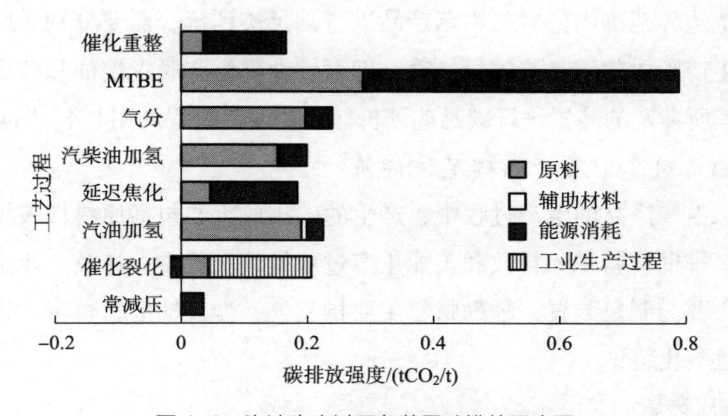

图 4-3 汽油生产过程各装置碳排放强度图

由图4-3可以看出，在原料获取阶段MTBE装置的碳排放强度最高，达到0.2873 tCO_2/t，其原料主要来自气分装置。MTBE装置的能源消耗碳排放强度最高，达到501.1 $kgCO_2/t$。对于MTBE装置，原料带入排放占比38%，能源消耗排放占比62%，碳二回收装置的能源消耗排放量较大。MTBE装置处于汽油生产阶段的后端，从常减压、延迟焦化、催化裂化、气分等装置能耗带入的CO_2排放均已计入产品中，并带入MTBE装置中，以上装置的产品作为原料进入MTBE装置。降低MTBE装置的碳排放对于降低汽油碳足迹具有重要的意义。在工业生产过程中，催化裂化装置碳排放强度最大，达到了163.3 kgCO_2/t，同时催化汽油在汽油池中贡献也最大，因此降低催化裂化工业生产过程碳排放对汽油碳足迹的降低也具有重要意义。

4.4.2 对二甲苯产品碳足迹

4.4.2.1 评价对象和边界

以某炼化企业生产的对二甲苯产品为评价对象，按照全生命周期评价方法，计算生产对二甲苯产品的单位产品温室气体排放量，以kgCO_2/t表示。系统边界范围为该企业炼油厂，采用B2B的碳足迹核算方法，包括从原油进厂到对二甲苯产品出厂的所有加工过程。

4.4.2.2 搭建总加工流程

对二甲苯产品由该炼化企业炼油厂芳烃部生产，其生产原料主要为脱戊烷油，该原料来自该炼化企业炼油厂炼油部连续重整装置。按照生命周期评价方法，对系统边界范围内的对二甲苯产品进行碳足迹评价，需要分别对原料获取阶段和产品生产阶段的碳足迹进行核算，即对炼油部生产脱戊烷油和芳烃部生产对二甲苯过程所涉及的装置进行碳足迹评价。主要加工流程如图4–4、图4–5所示。

4.4.2.3 对二甲苯产品碳足迹评价

在对二甲苯产品的生产过程中，产生的碳排放主要包括原料带入排放、能源消耗排放、辅助材料带入排放和工业生产过程排放。其中，涉及工业生产过程排放的装置主要为制氢装置；辅助材料主要指氢气，涉及辅助材料带入排放的装置主要为加氢裂化装置。

1.常减压装置

常减压装置为原油加工的第一道工序，主要由原油电脱盐脱水、常压蒸馏、减压蒸馏、轻烃回收等单元组成。装置采用电脱盐–闪蒸塔–常压塔–减压塔的工艺路线，利用蒸馏的原理将原油分离成各种不同馏程的馏分，送至下游装置进一步加工。

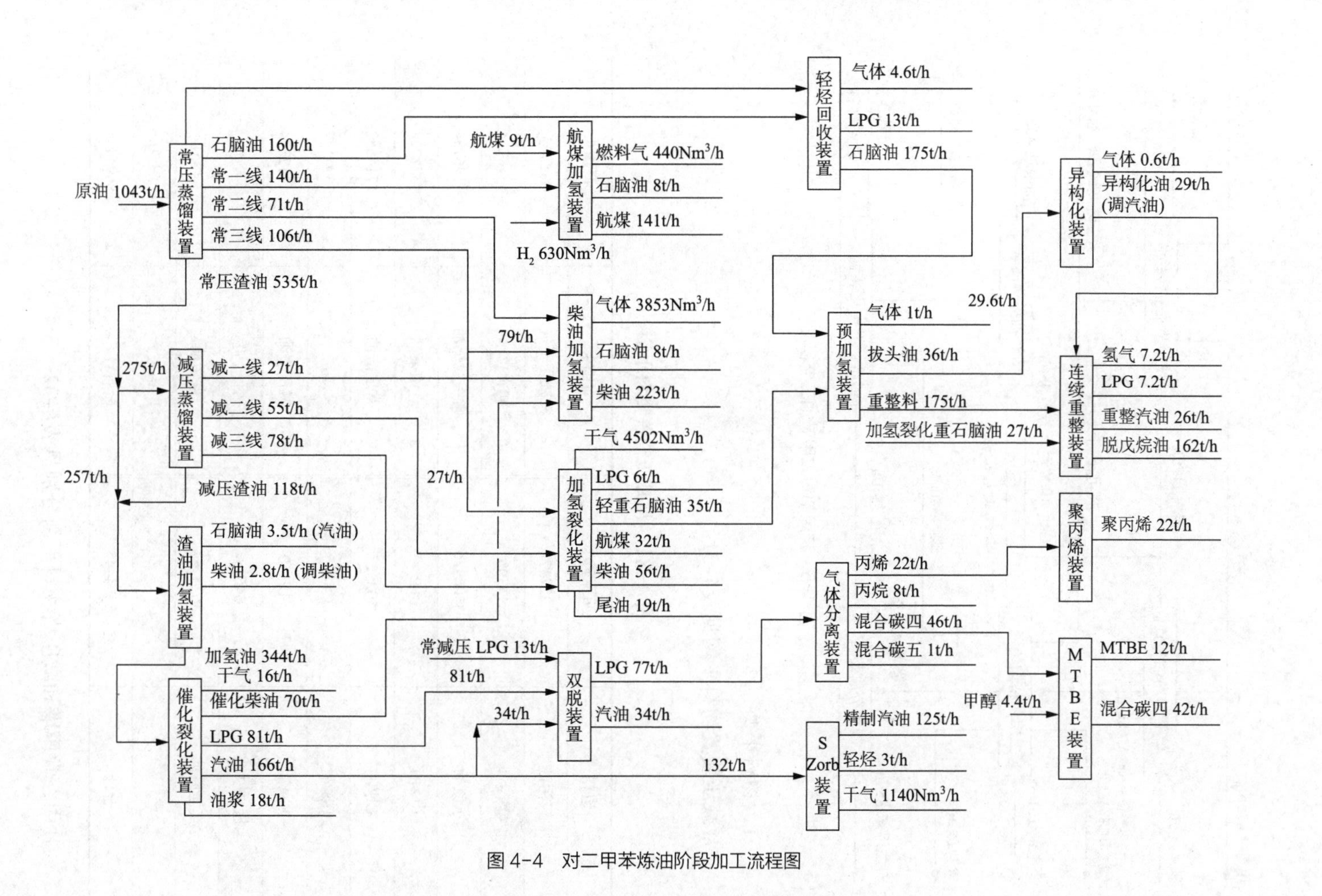

图 4-4 对二甲苯炼油阶段加工流程图

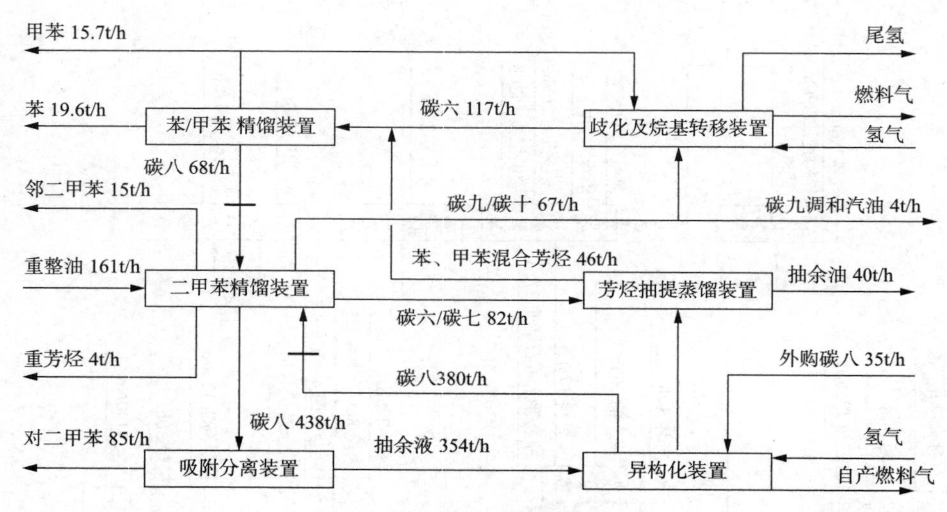

图 4-5　芳烃部对二甲苯加工流程图

（1）物料平衡

常减压装置物料平衡见表4-31。

表 4-31　常减压装置物料平衡

进料	加工量/t	出料	产量/t
轻污油	22747	常减压干气	115765
重污油	14300	初常顶油	1510074
A原油	3506376	常一线煤油	1146134
B原油	184549	直馏柴油	1388728
C原油	502827	常压渣油	1714852
D原油	353896	蜡油	1394177
E原油	419350	减压渣油	1412374
超轻原油	64633	轻污油	3830
其他原油	3625767	重污油	1351
		损失	7160
合计	8694445	合计	8694445

其中，常压塔和减压塔物料平衡分别见表4-32、表4-33。

表4-32　常减压装置常压塔物料平衡

进料	加工量/t	出料	产量/t
轻污油	22747	常减压干气	115765
重污油	14300	初常顶油	1510074
A原油	3506376	常一线煤油	1146134
B原油	184549	直馏柴油	1388728
C原油	502827	常压渣油	4533744
D原油	353896		
E原油	419350		
超轻原油	64633		
其他原油	3625767		
合计	8694445	合计	8694445

表4-33　常减压装置减压塔物料平衡

进料	加工量/t	出料	产量/t
常压渣油	2818892	蜡油	1394177
		减压渣油	1412374
		轻污油	3830
		重污油	1351
		损失	7160
合计	2818892	合计	2818892

（2）排放清单

1）能源消耗排放

常减压装置能源消耗排放主要包括常压炉和减压炉燃料燃烧排放和消耗蒸汽、电产生的能源间接排放，以及其他能源工质消耗产生的排放，具体见表4-34。

表 4-34 常减压装置能源消耗产生的 CO_2 排放量

序号	能耗工质	消耗量	碳排放量/$kgCO_2$	占比/%
1	新鲜水	28t	13	0.00
2	循环水	23170833t	6915381	3.06
3	除盐水	206558t	1417898	0.63
4	除氧水	14671t	402828	0.18
5	电	35997873kW·h	30119420	13.33
6	1.0MPa蒸汽	59001t	13382918	5.92
7	0.35MPa蒸汽	54218t	10679812	4.73
8	净化风	3039347Nm^3	344698	0.15
9	非净化风	90004Nm^3	7521	0.00
10	天然气/干气	61408t	162700596	72.00
11	合计		225971085	100.00

其中，常压炉和减压炉排放见表4-35。

表 4-35 常减压装置燃料消耗量统计

序号	能耗工质	消耗量/t	碳排放量/$kgCO_2$
1	常压炉燃料消耗	50576	134002019
2	减压炉燃料消耗	10832	28698577
3	合计	61408	162700596

2）常减压装置排放

由表4-34可得到常减压装置能源消耗产生的CO_2排放量为225971085 $kgCO_2$。

（3）排放分配

按照质量分配法分别对常压炉-常压塔、减压炉-减压塔的各产品进行分配。由常压炉CO_2排放量可得常压塔的排放强度为：

$$134002019\ kgCO_2 \div 8694445\ t=15\ kgCO_2/t$$

减压塔的原料为常压塔塔底渣油，减压炉CO_2排放可按减压塔各产品质量分配，减压塔的排放强度为：

$$15\ kgCO_2/t + 28698577\ kgCO_2 \div 2811732\ t = 25\ kgCO_2/t$$

常减压装置的其他能源消耗排放分配可按全装置质量分配法，即：

$$(225971085\ kgCO_2 - 162700596\ kgCO_2) \div 8687285\ t = 7\ kgCO_2/t$$

常减压装置各馏分排放强度见表4–36。

表 4-36 常减压装置各馏分排放强度

序号	馏分	产量/t	排放强度/（$kgCO_2/t$）
1	常减压干气	115765	23
2	初常顶油	1510074	23
3	常一线煤油	1146134	23
4	直馏柴油	1388728	23
5	常压渣油	1714852	23
6	蜡油	1394177	33
7	减压渣油	1412374	33
8	轻污油	3830	33
9	重污油	1351	33
10	合计	8687285	

2.轻烃回收装置

轻烃回收装置主要处理常减压、催化原料预处理（RDS）、柴油加氢精制及航煤加氢装置的塔顶气，经塔顶气压缩部分、吸收及再吸收部分、脱吸部分、稳定部分等得到干气、液化气和石脑油等产物。

（1）物料平衡

轻烃回收装置物料平衡见表4–37。

表 4-37 轻烃回收装置物料平衡

序号	进料	加工量/t	出料	产量/t
1	常减压干气	115765	轻烃回收干气	107135
2	初常顶油	1592316	常减压液化气	152433
3	航煤干气	1946	轻烃回收石脑油	1489197
4	柴油加氢干气	27203	损失	1062

续表

序号	进料	加工量/t	出料	产量/t
5	RDS干气	12597		
6	合计	1749827	合计	1749827

（2）排放清单

1）原料带入排放

轻烃回收装置的原料主要来自常减压装置的初常顶油和常减压干气（由于其他原料用量较小，可忽略不计），根据以上数据可算出轻烃回收装置原料带入排放为38755471 kgCO_2。

2）能源消耗排放

轻烃回收装置能源消耗产生的CO_2排放量见表4-38。

表4-38　轻烃回收装置能源消耗产生的CO_2排放量

序号	能耗工质	消耗量	碳排放量/kgCO_2	占比/%
1	新鲜水	222t	100	0.00
2	循环水	7892838t	2355633	7.13
3	电	19383470kW·h	16218149	49.10
4	1.0MPa蒸汽	61895t	14039199	42.50
5	净化风	337705Nm^3	38300	0.12
6	氮气	851668Nm^3	381273	1.15
7	合计		33032654	100.00

3）轻烃回收装置排放汇总

由以上过程可汇总得到轻烃回收过程的CO_2排放量，见表4-39。

表4-39　轻烃回收装置CO_2排放量汇总

序号	排放类型	碳排放量/kgCO_2	占比/%
1	原料带入排放	38755471	53.99
2	能源消耗排放	33032654	46.01
3	合计	71788125	100.00

（3）排放分配

轻烃回收装置碳排放包括原料带入排放和能源消耗排放，对全装置进行质量分配，得到：

$$(38755471\ kgCO_2 + 33032654\ kgCO_2) \div 1748765\ t = 41\ kgCO_2/t$$

3.制氢装置

制氢装置采用烃类水蒸气转化法造气和变压吸附氢气提纯的工艺，装置由原料加氢脱硫、水蒸气转化、中温变换、PSA氢气提纯及余热回收系统五部分组成。装置原料为天然气和PSA尾气，产品为工业氢气（纯度99.9%），副产品为变压吸附尾气。

（1）物料平衡

制氢装置物料平衡见表4–40。

表4-40　制氢装置物料平衡

序号	进料	加工量/t	出料	产量/t
1	液化气	0	制氢干气	65050
2	外购天然气	70333	制氢氢气	24229
3	PSA尾气	600		
4	制氢原料	18346		
5	合计	89279	合计	89279

（2）排放清单

1）原料带入排放

制氢装置的原料包括石脑油和外购天然气，来自轻烃回收装置，制氢装置原料带入CO_2排放为752679 $kgCO_2$。

2）能源消耗排放

制氢装置能源消耗产生的CO_2排放量见表4–41。

表 4-41　制氢装置能源消耗产生的 CO_2 排放量

序号	能耗工质	消耗量	碳排放量/$kgCO_2$	占比/%
1	新鲜水	633t	283	0.00
2	循环水	2906350t	867406	0.23
3	除盐水	492185t	3378551	0.90
4	电	11495554kW·h	9618330	2.57
5	3.5MPa蒸汽	411134t	107979381	28.83
6	1.0MPa蒸汽	71724t	16268601	4.34
7	净化风	431254Nm^3	48909	0.01
8	非净化风	89470Nm^3	7477	0.00
9	氮气	1756227Nm^3	786224	0.21
10	天然气/干气	88921t	235594412	62.91
11	合计		374549574	100.00

3）工业生产过程排放

制氢装置工业生产过程排放主要来自制氢工艺，制氢装置工业生产过程排放计算公式为：

工业生产过程排放量=（石脑油投入量×石脑油碳含量+干气投入量×干气碳含量）×（44/12）

其中，石脑油投入量18346t，石脑油碳含量83.44%，干气投入量70333t，干气碳含量70.87%。

制氢装置工业生产过程排放量为：

$$(18346\times 83.44\%+70333\times 70.87\%)\times(44/12)=238895\ (tCO_2)$$

4）制氢装置排放汇总

由以上过程可汇总得到制氢装置的CO_2排放量，见表4-42。

表 4-42　制氢装置的 CO_2 排放量

序号	排放类型	碳排放量/$kgCO_2$	占比/%
1	原料带入排放	752679	0.12
2	能源消耗排放	374549574	60.98

续表

序号	排放类型	碳排放量/$kgCO_2$	占比/%
3	工业生产过程排放	238895000	38.90
4	合计	614197253	100.00

（3）排放分配

制氢装置碳排放包括原料带入排放、能源消耗排放和工业生产过程排放，按照氢气产量进行质量分配，得到：

$$(752679 + 238895000 + 374549574)\ kgCO_2 \div 24229\ tH_2 = 25350\ kgCO_2/tH_2$$

4.加氢裂化装置

原料油进入加氢裂化装置进行加工，分别经过反应（包括新氢、循环氢压缩机和循环氢脱硫）、分馏和吸收稳定等部分，主要生产加氢裂化干气、液化气、轻石脑油、重石脑油、航煤、柴油及尾油（未转化油）等产品。

（1）物料平衡

加氢裂化装置物料平衡见表4-43。

表 4-43　加氢裂化装置物料平衡

进料	加工量/t	出料	产量/t
蜡油	1300441	加氢裂化重石脑油	287790
制氢氢气	25299	硫化氢	6274
柴油	1956	加氢裂化干气	5257
		加氢裂化低分气	10176
		加氢裂化液化气	41710
		加氢裂化轻石脑油	25280
		加氢裂化柴油	435606
		加氢裂化尾油	218612
		加氢裂化航煤	287397
		轻污油	5014
		重污油	3339
		损失	1241
合计	1327696	合计	1327696

（2）排放清单

1）原料带入排放

加氢裂化装置的原料包括蜡油、柴油和氢气，由于柴油用量小于总量的1%，可忽略不计，仅考虑蜡油生产过程产生的CO_2排放量。蜡油来自常减压装置，加氢裂化装置原料带入排放为42784531 kgCO_2。

2）能源消耗排放

加氢裂化装置能源消耗产生的CO_2排放量见表4-44。

表4-44　加氢裂化装置能源消耗产生的CO_2排放量

序号	能耗工质	消耗量	碳排放量/kgCO_2
1	新鲜水	39t	18
2	循环水	17423054t	5199945
3	除盐水	705400t	4842145
4	除氧水	215944t	5929292
5	凝结水	42284t	460620
6	电	52321344kW·h	43777268
7	3.5MPa蒸汽	314023t	82474357
8	1.0MPa蒸汽	35916t	8146570
9	净化风	3130258Nm^3	355008
10	非净化风	35262Nm^3	2947
11	氮气	1485950Nm^3	665227
12	天然气/干气	19470t	51584319
13	合计		203437716

3）辅助材料带入排放

加氢裂化装置的辅助材料为氢气，用量为25299 t，氢气来源为制氢装置，辅助材料带入排放量为641340361 kgCO_2。

4）加氢裂化装置排放汇总

由以上过程可汇总得到加氢裂化装置的CO_2排放量，见表4-45。

表 4-45　加氢裂化装置的 CO_2 排放量汇总

序号	排放类型	碳排放量/$kgCO_2$	占比/%
1	原料带入排放	42784531	4.82
2	能源消耗排放	203437716	22.92
3	辅助材料带入排放	641340361	72.26
4	合计	887562608	100.00

（3）排放分配

加氢裂化装置碳排放包括原料带入排放、能源消耗排放和辅助材料带入排放，对全装置进行质量分配，得到：

$$(42784531 + 203437716 + 641340361)\ kgCO_2 \div (1327696 - 1241)t$$
$$= 887562608\ kgCO_2 \div 1326455\ t$$
$$= 669\ kgCO_2/t$$

5.异构化装置

异构化装置是以连续重整装置的轻石脑油为原料，通过异构化反应，将低辛烷值的碳五/碳六正构烷烃转化为高辛烷值的异构烷烃。

（1）物料平衡

异构化装置物料平衡见表4-46。

表 4-46　异构化装置物料平衡

进料	加工量/t	出料	产量/t
重整氢	1432	异构化油	208481
预加氢拔头油	208946	异构化干气	1687
		损失	210
合计	210378	合计	210378

（2）排放清单

1）原料带入排放

异构化装置原料为预加氢拔头油，原料带入排放为78274354 $kgCO_2$。

2）能源消耗排放

异构化装置能源消耗产生的CO_2排放量见表4-47。

表 4-47　异构化装置能源消耗产生的 CO_2 排放量

序号	能耗工质	消耗量	CO_2排放量/$kgCO_2$
1	循环水	11220103t	3348662
2	电	5181714kW·h	4335540
3	1.0MPa蒸汽	26781t	6074573
4	净化风	533203Nm^3	60471
5	非净化风	114431Nm^3	9563
6	天然气/干气	1129t	2992143
7	总计		16820952

3）异构化装置排放汇总

由以上过程可汇总得到异构化装置的CO_2排放量，见表4-48。

表 4-48　异构化装置的 CO_2 排放量汇总

序号	排放类型	排放量/$kgCO_2$	占比/%
1	原料带入排放	78274354	82.31
2	能源消耗排放	16820952	17.69
3	合计	95095306	100.00

（3）排放分配

异构化装置碳排放包括原料带入排放和能源消耗排放，对全装置进行质量分配，得到：

$$95095306\ kgCO_2 \div 210168\ t = 452\ kgCO_2/t$$

6.连续重整装置

连续重整装置包括预加氢部分和连续重整部分。预加氢部分是为连续重整装置制备合格的原料，包括加氢反应、汽提、分馏等工艺过程；连续重整部分是通过重整反应、再接触及稳定工艺过程，生产富含芳烃的高辛烷值汽油组分和氢气。

（1）物料平衡

连续重整装置物料平衡见表4-49。

表 4-49 连续重整装置物料平衡

进料	加工量/t	出料	产量/t
加氢裂化重石脑油	269789	预加氢干气	4899
轻烃回收石脑油	1350918	预加氢拔头油	321332
柴油加氢石脑油	46433	精制油	11063
航煤加氢石脑油	10272	重整氢	113974
预加氢精制石脑油	57457	重整干气	9067
重整氢	1458	重整液化气	45352
异构化油	208481	重整轻汽油	246157
异构化干气	1441	重整轻污油	280
制氢氢气	1933	重整生成油	1192874
		损失	3184
合计	1948182	合计	1948182

（2）排放清单

1）原料带入排放

连续重整装置的原料包括轻烃回收石脑油、加氢裂化重石脑油和异构化油，原料带入排放见表4-50。

表 4-50 连续重整装置原料带入排放汇总

序号	原料来源	投入量/t	CO_2排放量/kgCO_2
1	加氢裂化重石脑油	269789	180354612
2	轻烃回收石脑油	1350918	56157672
3	异构化油	208481	94233493
4	合计		330745777

2）能源消耗排放

连续重整装置能源消耗产生的CO_2排放量见表4-51。

表 4-51　连续重整装置能源消耗产生的 CO_2 排放量

序号	能耗工质	消耗量	CO_2排放量/$kgCO_2$
1	新鲜水	365t	163
2	循环水	45133581t	13470208
3	除盐水	510400t	3503585
4	电	24684952kW·h	20653900
5	3.5MPa蒸汽	321105t	84334245
6	1.0MPa蒸汽	209647t	47552771
7	净化风	10130848Nm^3	1148957
8	非净化风	2174185Nm^3	181689
9	氮气	5580180Nm^3	2498121
10	天然气/干气	85197t	225728221
11	合计		399071860

3）连续重整排放汇总

由以上过程可汇总得到连续重整过程的CO_2排放量，见表4-52。

表 4-52　连续重整生产过程 CO_2 排放量汇总

序号	排放类型	排放量/$kgCO_2$	占比/%
1	原料带入排放	330745777	45.32
2	能源消耗排放	399071860	54.68
3	合计	729817637	100.00

（3）排放分配

连续重整装置碳排放包括原料带入排放和能源消耗排放，对全装置进行质量分配，得到：

$$(330745777 + 399071860)\ kgCO_2 \div 1944998\ t = 375\ kgCO_2/t$$

7.芳烃抽提装置

芳烃抽提装置以重整油碳六、碳七馏分为原料，生产苯/甲苯混合芳烃和抽余油产品；其中抽余油作为产品送出装置边界，苯/甲苯混合芳烃作为中间产品送至歧化及烷基转移装置的苯/甲苯分馏装置进行产品精馏。

（1）物料平衡

芳烃抽提装置的物料平衡见表4-53。

表 4-53 芳烃抽提装置物料平衡表

进料	加工量/t	出料	产量/t
碳六、碳七馏分	520700	混合芳烃（苯、甲苯）	288900
		抽余油	231800
小计	520700	小计	520700

（2）排放清单

1）原料带入排放

芳烃抽提装置的原料主要来自二甲苯分离装置，其原料带入排放为425709674 $kgCO_2$。

2）能源消耗排放

芳烃抽提装置的能源消耗排放主要包括蒸汽、电消耗产生的能源间接排放和其他能源工质消耗产生的排放，见表4-54。

表 4-54 芳烃抽提装置能耗产生的 CO_2 排放量

序号	能耗工质	消耗量	CO_2排放量/$kgCO_2$
1	除盐水	63765t	437428
2	除氧水	30368t	833905
3	电	6549210kW·h	5501336
4	3.5MPa蒸汽	207975t	54622555
5	1.0MPa蒸汽	17086t	3875447
6	净化风	1251409Nm^3	137655
7	非净化风	160039Nm^3	12803
8	氮气	1365814Nm^3	614616
9	合计		66035745

3）芳烃抽提装置排放汇总

由以上过程可汇总得到芳烃抽提装置的CO_2排放量，见表4-55。

表4-55 芳烃抽提装置生产过程CO_2排放量

序号	排放类型	CO_2排放量/$kgCO_2$	占比/%
1	原料带入排放	425709674	86.57
2	能源消耗排放	66035745	13.43
3	合计	491745419	100.00

（3）排放分配

芳烃抽提装置碳排放包括原料带入排放和能源消耗排放，对全装置进行质量分配，得到：

$$(425709674+66035745)\ kgCO_2 \div 520700\ t=944\ kgCO_2/t$$

8.歧化及烷基转移装置

歧化及烷基转移装置是对二甲苯联合装置的重要组成部分，以芳烃抽提装置来的苯/甲苯混合芳烃、吸附分离装置来的粗甲苯和二甲苯精馏装置来的碳九/碳十芳烃为原料，生产低乙苯（EB）含量的优质碳八芳烃原料，同时副产苯、少量轻烃和燃料气。

（1）物料平衡

歧化及烷基转移装置的物料平衡数据见表4-56。

表4-56 歧化及烷基转移装置物料平衡

进料	加工量/t	出料	产量/t
苯/甲苯混合芳烃	361160	苯	183680
粗甲苯	8960	碳八以上芳烃	794370
碳九/碳十芳烃	739080	歧化轻组分	4830
PSA补充氢	14390	燃料气	62950
		歧化尾氢	36660
		甲苯调和汽油组分	41100
合计	1123590	合计	1123590

（2）排放清单

1）原料带入排放

歧化及烷基转移装置原料包括来自芳烃抽提装置的苯/甲苯混合芳烃和二甲苯分馏装置的碳九/碳十芳烃，其他原料量较小，可忽略不计，其原料带入排放见表4–57。

表 4-57　歧化及烷基转移装置原料带入排放

序号	物料	加工量/t	CO_2碳排放量/kgCO_2
1	苯/甲苯混合芳烃	361160	341076964
2	碳九/碳十芳烃	739080	604251019
3	合计		945327983

2）能源消耗排放

能源消耗排放主要包括燃料燃烧排放，蒸汽、电使用导致的能源间接排放，以及其他耗能工质产生的排放，见表4–58。

表 4-58　歧化及烷基转移装置能耗产生的 CO_2 排放量

序号	能耗工质	消耗量	CO_2排放量/kgCO_2
1	除氧水	5061t	138975
2	电	17027946kW·h	14303476
3	1.0MPa蒸汽	42512t	9642572
4	0.35MPa蒸汽	31977t	6298829
5	净化风	1496295Nm^3	164592
6	非净化风	212680Nm^3	17014
7	氮气	808375Nm^3	363769
8	天然气/干气	17819t	47211084
9	合计		78140311

3）歧化及烷基转移装置排放汇总

由以上过程可汇总得到歧化及烷基转移装置的CO_2排放量，见表4–59。

表 4-59　歧化及烷基转移装置生产过程 CO_2 排放量

序号	排放类型	排放量/$kgCO_2$	占比/%
1	原料带入排放	945327983	92.37
2	能源消耗排放	78140311	7.63
3	合计	1023468294	100.00

（3）排放分配

歧化及烷基转移装置碳排放包括原料带入排放和能源消耗排放，对全装置进行质量分配，得到：

$$(945327983+78140311)\ kgCO_2 \div 1123590\ t=911\ kgCO_2/t$$

9.二甲苯精馏装置

二甲苯精馏装置是将连续重整装置来的重整生成油、歧化碳八以上芳烃和异构化碳八以上芳烃分离出吸附分离原料和邻二甲苯产品。

（1）物料平衡

二甲苯精馏装置的物料平衡见表4-60。

表 4-60　二甲苯精馏装置物料平衡

进料	加工量/t	出料	产量/t
碳六以上重整生成油	1219000	吸附分离原料	2725000
碳八以上芳烃自异构化	2194000	碳六、碳七馏分	498000
碳八以上芳烃自歧化	484000	邻二甲苯产品	99000
		碳九/碳十芳烃去歧化	447000
		碳九/碳十芳烃去调和汽油	98000
		重芳烃	30000
合计	3897000	合计	3897000

（2）排放清单

1）原料带入排放

二甲苯精馏装置的原料包括碳六重整生成油、异构化碳八芳烃和歧化碳八芳烃。其中碳六重整生成油排放强度为375 $kgCO_2/t$；由于异构化碳八芳烃和歧化碳八芳烃是由后续异构化装置和歧化装置产生的，因此可假设其原料碳足迹排放因子初值为375 $kgCO_2/t$；待后续装置的碳足迹计算完成以后，重新带入计算值进行修正，表4-61列出了迭代之后的最终结果。

表4-61 二甲苯精馏装置原料带入排放

序号	物料	原料量/t	碳排放量/$kgCO_2$
1	碳六以上重整生成油	1219000	456649590
2	碳八以上芳烃自异构化	2194000	1867094000
3	碳八以上芳烃自歧化	484000	440440000
4	合计		2764183590

2）能源消耗排放

能源消耗排放主要包括燃料燃烧排放，蒸汽、电等产生的能源间接排放，以及其他能耗工质产生的排放，具体见表4-62。

表4-62 二甲苯精馏装置能源消耗产生 CO_2 排放量

序号	能耗工质	消耗量	CO_2排放量/$kgCO_2$
1	除氧水	15184t	416953
2	电	40605102kW·h	34108284
3	0.35MPa蒸汽	142924t	35056531
4	净化风	2294842Nm^3	252433
5	非净化风	267822Nm^3	21426
6	氮气	580905Nm^3	261407
7	天然气/干气	85560t	226689509
8	液化气	39506t	125087453
9	合计		421893996

3）二甲苯精馏装置排放汇总

由以上过程可汇总得到二甲苯精馏装置的CO_2排放量，见表4-63。

表 4-63　二甲苯精馏装置生产过程 CO_2 排放量汇总

序号	排放类型	排放量/$kgCO_2$	占比/%
1	原料带入排放	2764183590	86.76
2	能源消耗排放	421893996	13.24
3	合计	3186077586	100.00

（3）排放分配

二甲苯精馏装置碳排放包括原料带入排放和能源消耗排放，对全装置进行质量分配，得到：

$$(2764183590 + 421893996)\ kgCO_2 \div 3897000\ t = 818\ kgCO_2/t$$

10.吸附分离装置

吸附分离装置的作用是通过吸附和解吸方法将二甲苯精馏装置的混合碳八芳烃分离为对二甲苯和混合碳八芳烃（抽余液）。

（1）物料平衡

吸附分离装置的物料平衡见表4-64。

表 4-64　吸附分离装置物料平衡

进料	加工量/t	出料	产量/t
吸附分离进料	2725000	抽余液	2201000
		对二甲苯	517000
		粗甲苯	7000
小计	2725000	小计	2725000

（2）排放清单

1）原料带入排放

吸附分离装置的原料来自二甲苯精馏装置，原料带入排放为 2227883352 $kgCO_2$。

2）能源消耗排放

吸附分离装置的能源消耗排放主要包括、电使用导致的能源间接排放，以及其他能耗工质产生的排放，见表4-65。

表 4-65 吸附分离装置能耗产生的排放

序号	能耗工质	消耗量	CO_2排放量/$kgCO_2$
1	除盐水	8872t	60862
2	电	34055892kW·h	28606949
3	净化风	3115541Nm^3	342710
4	非净化风	443404Nm^3	35472
5	氮气	383247Nm^3	172461
6	合计		29218454

3）吸附分离装、置排放汇总

由以上过程可汇总得到吸附分离装置的CO_2排放量，见表4-66。

表 4-66 吸附分离装置生产过程的 CO_2 排放量汇总

序号	排放类型	排放量/$kgCO_2$	占比/%
1	原料带入排放	2227883352	98.71
2	能源消耗排放	29218454	1.29
3	合计	2257101806	100.00

（3）排放分配

吸附分离装置碳排放包括原料带入排放和能源消耗排放，对全装置进行质量分配，得到：

$$(2227883352 + 29218454)\ kgCO_2 \div 2725000\ t = 828\ kgCO_2/t$$

11.异构化装置

异构化装置由反应和产品分离两部分组成，在氢气和催化剂作用下，将自吸附分离装置来的贫对二甲苯的碳八芳烃转化为对二甲苯趋于平衡的碳八芳烃。

（1）物料平衡

异构化装置的物料平衡数据见表4-67。

表 4-67　异构化装置物料平衡

进料	加工量/t	出料	产量/t
抽余液	2200000	碳八以上芳烃去二甲苯分馏	2194000
外购碳八芳烃	32000	轻烃至抽提装置	19000
补充氢	7000	燃料气	28000
歧化轻烃	2000		
合计	2241000	合计	2241000

（2）排放清单

1）原料带入排放

异构化装置的原料主要来自吸附分离装置的抽余液，其原料带入排放为1823075624 $kgCO_2$。

2）能源消耗排放

异构化装置的能源消耗排放主要包括燃料燃烧排放，蒸汽、电使用导致的能源间接排放，其数值见表4-68。

表 4-68　异构化装置能源消耗排放

序号	能耗工质	消耗量	CO_2排放量/$kgCO_2$
1	除盐水	169575t	1163285
2	电	13098420kW·h	11002673
3	3.5MPa蒸汽	194175t	50998122
4	1.0MPa蒸汽	18981t	4305270
5	净化风	2151531Nm^3	236668
6	非净化风	352824Nm^3	28226
7	氮气	1284802Nm^3	578161
8	天然气/干气	6763t	17918433
9	合计		86230838

3）异构化装置排放汇总

由以上过程可汇总得到异构化装置的CO_2排放量，见表4-69。

表 4-69　异构化装置生产过程排放量汇总

序号	排放类型	排放量/$kgCO_2$	占比/%
1	原料带入排放	1823075624	95.48
2	能源消耗排放	86230838	4.52
3	合计	1909306462	100.00

（3）排放分配

异构化装置碳排放包括原料带入排放和能源消耗排放，对全装置进行质量分配，得到：

$$(1823075624 + 86230838)\ kgCO_2 \div 2241000\ t = 852\ kgCO_2/t$$

4.4.2.4　对二甲苯产品碳足迹分析

对二甲苯产品的生产过程包括芳烃原料（脱戊烷油）获取阶段和对二甲苯生产阶段，各环节的碳排放强度如图4-6、图4-7所示。

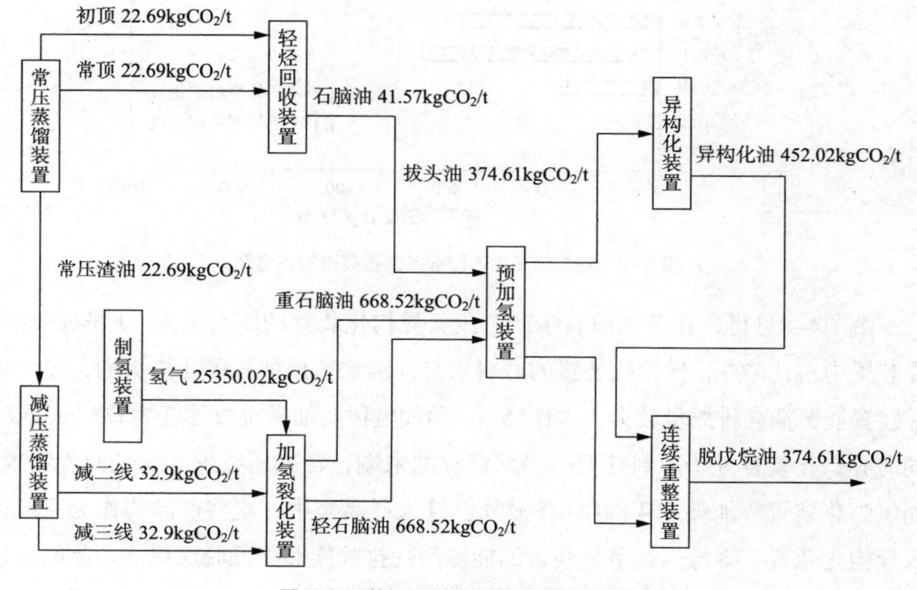

图 4-6　芳烃原料生产阶段碳排放强度

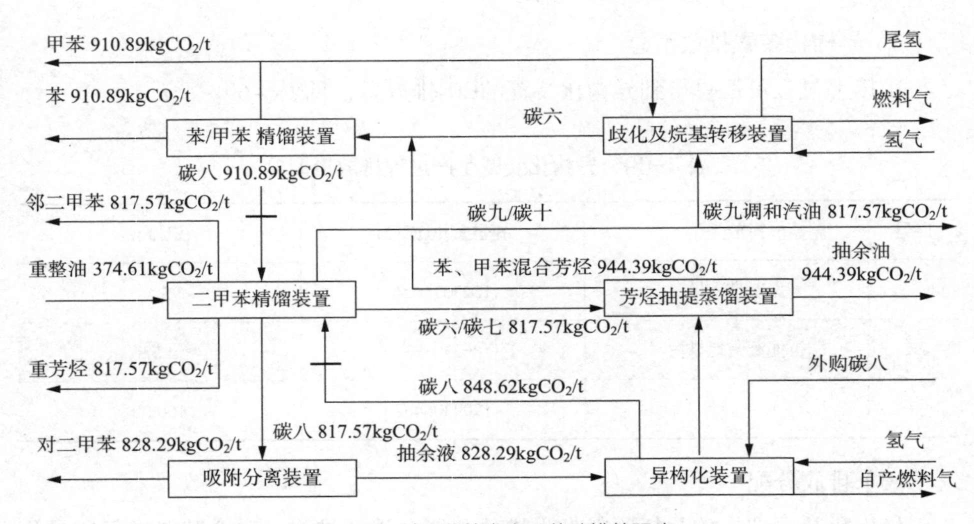

图 4-7　对二甲苯生产环节碳排放强度

将对二甲苯生产过程各装置的碳排放强度汇总，如图4-8所示。

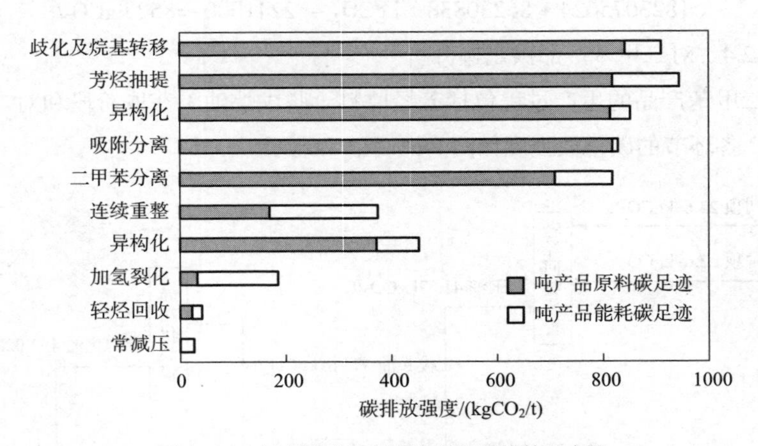

图 4-8　对二甲苯生产过程各装置碳排放强度图

由图4-8可得，在芳烃原料生产阶段，异构化装置的原料带入CO_2排放最高，在装置中占比82%，异构化装置的原料来自连续重整预加氢单元拔头油，连续重整装置能源消耗排放量较大，占比55%，预加氢拔头油碳排放强度为375 kgCO_2/t；同时异构化装置处于原料获取阶段总流程的末端，常减压装置、轻烃回收装置、加氢裂化装置等能耗产生的CO_2排放均已计入产品当中，这些产品均作为原料进入异构化装置。降低连续重整装置的能源消耗排放能够降低脱戊烷油产品的碳排放强度，从而对降低对二甲苯产品碳足迹具有重要意义。

4.4.3 聚乙烯产品碳足迹

4.4.3.1 评价对象和边界

以某炼化企业生产的聚乙烯产品为评价对象，按照全生命周期评价方法，计算生产聚乙烯产品的单位产品温室气体排放量，以kgCO_2/t表示。系统边界范围为该企业炼油厂，采用B2B的碳足迹核算方法，包括从原油进厂到聚乙烯产品出厂的所有加工过程。

4.4.3.2 搭建总加工流程

聚乙烯产品主要由该企业炼油厂炼油部、化工部和烯烃部生产，生产聚乙烯的原料包括富乙烯干气和乙烯料，炼油部和化工部为乙烯裂解装置提供原料，包括轻石脑油、重石脑油、加氢裂化尾油、干气、富碳二气和轻烃等。加工流程如图4–9所示。

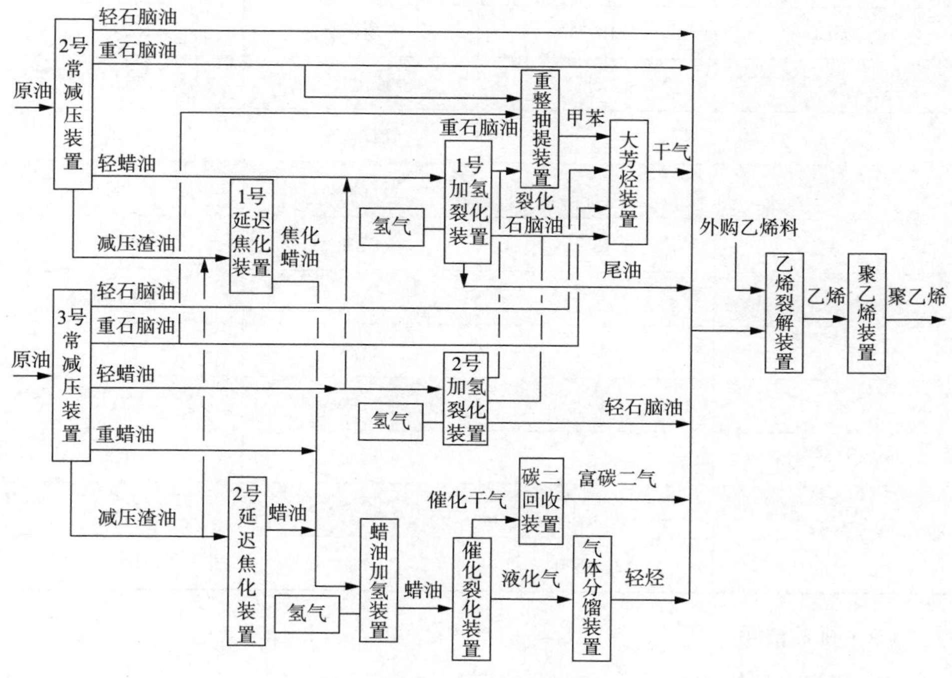

图4–9 聚乙烯生产流程图

4.4.3.3 聚乙烯产品碳足迹评价

在聚乙烯产品的生产过程中，产生的碳排放主要包括原料带入排放、能源消耗排放、辅助材料带入排放和工业生产过程排放。其中，涉及工业生产过程排放的装置主要包括制氢、重整抽提、催化裂化和乙烯裂解装置；辅助材料主要指氢气，涉及辅助材料带入排放的装置主要包括加氢裂化、蜡油加氢和聚乙烯装置。

1.常减压装置

原油进入常减压装置进行加工，经电脱盐系统、常压系统、减压系统、轻烃回收系统等部分后，得到三顶瓦斯、轻石脑油、重石脑油、煤油、柴油、蜡油、渣油等产物，作为延迟焦化、加氢裂化等装置的原料。

（1）物料平衡

常减压装置物料平衡见表4–70。

表4-70 常减压装置物料平衡

进料	加工量/t	出料	产量/t
原油	12189390	三顶瓦斯	65241
		液化气	126341
		轻石脑油	747186
		重石脑油	1169898
		煤油	1588521
		柴油	1612913
		蜡油	3787981
		渣油	3073170
		污油	11026
		损失	7113
合计	12189390	合计	12189390

（2）排放清单

1）能源消耗排放

常减压装置能源消耗排放主要包括常压炉和减压炉燃料燃烧产生的排放，蒸汽、电消耗产生的能源间接排放和其他能源工质消耗产生的排放，具体数值见表4–71。

表 4-71　常减压装置能源消耗产生的 CO_2 排放量

序号	能耗工质	消耗量	碳排放量/$kgCO_2$	占比/%
1	新鲜水	17088t	10595	0.03
2	循环水	54867755t	13716939	3.54
3	除氧水	69081t	1847917	0.48
4	除盐水	104642t	431125	0.11
5	电	74749234kW·h	77739203	20.05
6	3.5MPa蒸汽	0	0	0
7	1.0MPa蒸汽	247703t	77475923	19.98
8	0.35MPa蒸汽	5077t	1379028	0.36
9	燃料干气	47590t	125013172	32.24
10	脱乙烯干气	34422t	90124819	23.24
11	合计		387738721	100.00

2）常减压装置排放汇总

由以上过程可得到常减压装置的CO_2排放量，合计排放量为387738721 $kgCO_2$。

（3）排放分配

常减压装置的碳排放可按全装置质量分配法进行分配，即：

$$387738721\ kgCO_2 \div 12182277\ t = 32\ kgCO_2/t$$

2.延迟焦化装置

焦化原料减压渣油进入延迟焦化装置进行加工，焦化过程产生的油气从焦炭塔顶部到分馏塔中进行分馏，可获得焦化干气、汽油、柴油、蜡油产品；留在焦炭塔中的焦炭经除焦系统处理，可获得石油焦产品。

（1）物料平衡

延迟焦化装置物料平衡见表4-72。

表 4-72　延迟焦化装置物料平衡表

进料	加工量/t	出料	产量/t
减压渣油	3177316	焦化干气	101008
		液化气	117487

续表

进料	加工量/t	出料	产量/t
减压渣油	3177316	汽油	622147
		柴油	562771
		蜡油	561086
		甩油	749
		污油	9363
		石油焦	1202705
合计	3177316	合计	3177316

（2）排放清单

1）原料带入排放

延迟焦化装置的原料主要为来自常减压装置的减压渣油，延迟焦化装置原料带入CO_2排放量为101068931 kgCO_2。

2）能源消耗排放

延迟焦化装置能源消耗产生的CO_2排放量见表4-73。

表4-73　延迟焦化装置能源消耗产生CO_2排放量

序号	能耗工质	消耗量	碳排放量/kgCO_2	占比/%
1	新鲜水	17098t	10601	0.01
2	循环水	32334458t	8083615	3.23
3	除氧水	21734t	581385	0.23
4	除盐水	148613t	612286	0.24
5	凝结水	−37189t	−841959	−0.34
6	电	49358577kW·h	51332920	20.53
7	3.5MPa蒸汽	452929t	164034311	65.62

续表

序号	能耗工质	消耗量	碳排放量/$kgCO_2$	占比/%
8	1.0MPa蒸汽	−104239t	−32603613	−13.04
9	0.35MPa蒸汽	−333751t	−90654301	−36.26
10	燃料干气	32720t	86690986	34.68
11	脱乙烯干气	23682t	62744985	25.10
12	合计		249991216	100.00

3）延迟焦化装置排放汇总

由以上过程可汇总得到延迟焦化装置的CO_2排放量，见表4–74。

表 4-74　延迟焦化装置生产过程 CO_2 排放量

序号	排放类型	排放量/$kgCO_2$	占比/%
1	原料带入排放	101068931	28.79
2	能源消耗排放	249991216	71.21
3	合计	351060147	100.00

（3）排放分配

延迟焦化装置碳排放包括原料带入排放和能源消耗排放，对全装置进行质量分配，得到延迟焦化装置的碳排放强度为：

$$351060147\ kgCO_2 \div 3177316\ t = 110\ kgCO_2/t$$

3.制氢装置

制氢装置设计采用烃类水蒸气转化法造气、PSA法净化提纯的工艺路线制取氢气。天然气在压缩、脱硫后与水蒸气混合，在镍催化剂的作用下于高温环境将天然气烷烃转化为氢气、一氧化碳和二氧化碳的转化气，转化气与一氧化碳反应产生氢气，成为变换气，然后变换气通过变压吸附过程，得到高纯度的氢气。

（1）物料平衡

制氢装置物料平衡见表4–75。

表 4-75 制氢装置物料平衡

进料	加工量/t	出料	产量/t
天然气	117488	氢气	43336
干气	17262	瓦斯气	10575
		二氧化碳	77623
		损失	3216
合计	134750	合计	134750

（2）排放清单

1）原料带入排放

制氢装置的原料干气主要为来自延迟焦化装置的干气，原料带入CO_2排放量为1905984 kgCO_2。

2）能源消耗排放

制氢装置能源消耗产生的CO_2排放量见表4-76。

表 4-76 制氢装置能源消耗产生 CO_2 排放量

序号	能耗工质	消耗量	碳排放量/kgCO_2	占比/%
1	新鲜水	8482t	5259	0.02
2	循环水	10947504t	2736876	7.91
3	除氧水	0	0	0
4	除盐水	874133t	3601428	10.41
5	凝结水	−260211t	−5891177	−17.03
6	电	17247147kW·h	17937033	51.84
7	3.5MPa蒸汽	−295960t	−107185884	−309.79
8	1.0MPa蒸汽	18074t	5653140	16.34
9	0.35MPa蒸汽	0	0	0
10	燃料干气	44440t	117742891	340.30
11	脱乙烯干气	0	0	0
12	合计		34599566	100.00

3）工业生产过程排放

制氢装置工业生产过程排放主要由制氢工艺产生，制氢装置工业生产过程排放量为109234685 kgCO_2。

4）制氢装置排放汇总

由以上过程可汇总得到制氢过程的CO_2排放量，见表4-77。

表 4-77　制氢装置生产过程 CO_2 排放量汇总

序号	排放类型	排放量/kgCO_2	占比/%
1	原料带入排放	1905984	1.31
2	能源消耗排放	34599566	23.74
3	工业生产过程排放	109234685	74.95
4	合计	145740235	100.00

（3）排放分配

制氢装置碳排放包括原料带入排放、能源消耗排放和工业生产过程排放，将排放量对氢气产量进行质量分配，得到：

$$145740235\ kgCO_2 \div 43336\ tH_2 = 3363\ kgCO_2/tH_2$$

4.重整抽提装置

重整抽提装置以常减压装置生产的直馏重石脑油、加氢裂化装置生产的加氢裂化重石脑油等为原料，副产重整氢气等产物。

（1）物料平衡

重整抽提装置物料平衡见表4-78。

表 4-78　重整抽提装置物料平衡

进料	加工量/t	出料	产量/t
2#常减压直馏重石脑油	283681	气体	8970
3#常减压直馏重石脑油	416319	纯氢	85637
加氢裂化重石脑油	622380	石脑油	27042
		液化气	26812
		重整汽油	321535

续表

进料	加工量/t	出料	产量/t
		重整抽余油	200440
		苯	226865
		混合二甲苯	210416
		甲苯	189941
		污油	2021
		柴油	22701
合计	1322380	合计	1322380

（2）排放清单

1）原料带入排放

重整抽提装置的原料主要为来自常减压装置的直馏重石脑油，以及加氢裂化装置的加氢裂化重石脑油，重整抽提装置原料带入CO_2排放量见表4-79。

表 4-79　重整抽提装置原料带入 CO_2 排放量汇总

序号	原料来源	投入量/t	CO_2排放量/$kgCO_2$
1	直馏重石脑油	700000	22266668
2	加氢裂化重石脑油	622380	117892475
3	合计	1322380	140159143

2）能源消耗排放

重整抽提装置能源消耗产生的CO_2排放量见表4-80。

表 4-80　重整抽提装置能源消耗产生 CO_2 排放量

序号	能耗工质	消耗量	碳排放量/$kgCO_2$	占比/%
1	新鲜水	7186t	4455	0.001
2	循环水	23881444t	5970361	1.19
3	除氧水	325535t	8708061	1.74
4	除盐水	24305t	100137	0.02

续表

序号	能耗工质	消耗量	碳排放量/kgCO$_2$	占比/%
5	凝结水	−1077274t	−24389483	−4.86
6	电	37900604kW·h	39416628	7.86
7	3.5MPa蒸汽	1331967t	482389714	96.15
8	1.0MPa蒸汽	−529371t	−165575334	−33.011
9	0.35MPa蒸汽	−48036t	−13047661	−2.60
10	燃料干气	36756t	97384287	19.41
11	脱乙烯干气	26708t	70762312	14.10
12	合计		501723477	100.00

3）工业生产过程排放

重整抽提装置的重整反应催化剂会因结焦而失活，需要再生恢复活性，再生包括预热、烧焦、再加热、氯氧化、干燥、冷却等过程，其中烧焦过程会产生CO_2排放，其排放量可以按照催化剂再生量与催化剂烧焦前后碳含量计算而得，结果见表4-81。

表4-81　重整抽提装置工业生产过程CO_2排放情况

排放源	待生催化剂数量/t	待生催化剂碳含量/%	再生催化剂碳含量/%	温室气体种类	活动数据/kg	GHG排放量/kgCO$_2$
重整催化剂再生	7954	4.560	0.073	CO_2	1308619	1308619

4）重整抽提排放汇总

由以上过程可汇总得到重整抽提过程的CO_2排放量，见表4-82。

表4-82　重整抽提装置生产过程CO_2排放量汇总

序号	排放类型	排放量/kgCO$_2$	占比/%
1	原料带入排放	140159143	21.79
2	能源消耗排放	501723477	78.01
3	工业生产过程排放	1308619	0.20
4	合计	643191239	100.00

（3）排放分配

重整抽提装置碳排放包括原料带入排放、能源消耗排放和工业生产过程排放，对全装置进行质量分配，得到：

$$643191239\ kgCO_2 \div 1322380\ t = 486\ kgCO_2/t$$

（4）管网氢气排放强度

制氢装置和重整抽提装置产生的氢气进入氢气管网，氢气管网氢源排放强度见表4-83。

表4-83 氢源排放强度

序号	装置	产量/tH_2	排放强度/（$kgCO_2/t$）
1	制氢装置	43336	3363
2	重整抽提装置	85637	486
3	加权合计		1453

5.加氢裂化装置

由常减压装置加工而成的轻蜡油进入加氢裂化装置进行加工，包括反应和分馏两部分。在反应部分，原料油通过加氢裂化反应转化为液态烃、轻石脑油、重石脑油、航煤、柴油、尾油等产品；在分馏部分，将反应部分来的生成油分馏为气体、液化气、轻石脑油、重石脑油、航空煤油、柴油及尾油等产品。

（1）物料平衡

加氢裂化装置物料平衡见表4-84。

表4-84 加氢裂化装置物料平衡

进料	加工量/t	出料	产量/t
轻蜡油	2933336	干气	121397
氢气	135503	液化气	82677
		轻石脑油	162763
		重石脑油	673468
		航空煤油	749414
		柴油	415813

续表

进料	加工量/t	出料	产量/t
		污油	28286
		未转化油	835021
合计	3068839	合计	3068839

（2）排放清单

1）原料带入排放

加氢裂化装置的原料主要为来自常减压装置的轻蜡油，加氢裂化装置原料带入CO_2排放量为93308023 kgCO_2。

2）能源消耗排放

加氢裂化装置能源消耗的CO_2排放情况见表4-85。

表4-85　加氢裂化装置能源消耗产生CO_2排放量

序号	能耗工质	消耗量	碳排放量/kgCO_2	占比/%
1	新鲜水	15908t	9863	0.003
2	循环水	52969262t	13242316	4.55
3	除氧水	52091t	1393434	0.48
4	除盐水	193459t	797051	0.27
5	凝结水	−67831t	−1535694	−0.53
6	电	175975667kW·h	183014693	62.87
7	3.5MPa蒸汽	418895t	151708443	52.11
8	1.0MPa蒸汽	−159728t	−49959323	−17.16
9	0.35MPa蒸汽	−234413t	−63671859	−21.83
10	燃料干气	12257t	32474676	11.16
11	脱乙烯干气	8923t	23641310	8.12
12	合计		291114910	100.00

3）辅助材料带入排放

加氢裂化装置的辅助材料为来自氢气管网的氢气，辅助材料带入CO_2排放量为196882456 kgCO_2。

4）加氢裂化装置排放汇总

由以上过程可汇总得到加氢裂化装置的CO_2排放量，见表4–86。

表4-86　加氢裂化装置CO_2排放量汇总

序号	排放类型	碳排放量/kgCO_2	占比/%
1	原料带入排放	93308023	16.05
2	能源消耗排放	291114910	50.08
3	辅助材料带入排放	196882456	33.87
4	合计	581305389	100.00

（3）排放分配

加氢裂化装置碳排放包括原料带入排放、能源消耗排放和辅助原料带入排放，对全装置进行质量分配，得到：

$$581305389\ kgCO_2 \div 3068839\ t = 189\ kgCO_2/t$$

6.蜡油加氢装置

减压蜡油和焦化蜡油的混合原料进入蜡油加氢装置进行加工，经过分馏、脱硫、氢气提纯等环节，实现原料中的硫、氮、氧及金属杂质的脱除，并饱和烯烃和芳烃，得到加氢蜡油等产物。

（1）物料平衡

蜡油加氢装置物料平衡见表4–87。

表4-87　蜡油加氢装置物料平衡

进料	加工量/t	出料	产量/t
焦化蜡油	192768	干气	53369
减压蜡油	365244	加氢蜡油	1380537
重蜡油	862382	污油	9013

续表

进料	加工量/t	出料	产量/t
氢气	22630	损失	105
合计	1443024	合计	1443024

（2）排放清单

1）原料带入排放

蜡油加氢装置原料主要为来自延迟焦化装置的焦化蜡油和常减压装置的重蜡油，蜡油加氢装置原料带入CO_2排放量见表4-88。

表4-88　蜡油加氢装置原料带入CO_2排放量汇总

序号	原料来源	投入量/t	CO_2排放量/$kgCO_2$
1	焦化蜡油	558012	61654445
2	重蜡油	862382	27431956
3	合计	1420394	89086401

2）能源消耗排放

蜡油加氢装置能源消耗产生的CO_2排放量见表4-89。

表4-89　蜡油加氢装置能源消耗产生的CO_2排放量

序号	能耗工质	消耗量	碳排放量/$kgCO_2$	占比/%
1	新鲜水	7051t	4372	0.011
2	循环水	7113228t	1778307	4.30
3	除氧水	47781t	1278142	3.09
4	除盐水	48044t	197941	0.48
5	凝结水	–89425t	–2024582	–4.89
6	电	38400316kW·h	39936329	96.48
7	3.5MPa蒸汽	96279t	34868730	84.24

续表

序号	能耗工质	消耗量	碳排放量/$kgCO_2$	占比/%
8	1.0MPa蒸汽	−34307t	−10730457	−25.92
9	0.35MPa蒸汽	−100756t	−27367603	−66.131
10	燃料干气	760t	2013605	4.86
11	脱乙烯干气	543t	1438668	3.48
12	合计		41393452	100.00

3）辅助材料带入排放

蜡油加氢装置的辅助材料为来自氢气管网的氢气，辅助材料带入CO_2排放量为32880381 $kgCO_2$。

4）蜡油加氢装置排放汇总

由以上过程可汇总得到蜡油加氢装置CO_2排放量，见表4−90。

表4−90　蜡油加氢装置CO_2排放量汇总

序号	排放类型	排放量/$kgCO_2$	占比/%
1	原料带入排放	89086401	54.53
2	能源消耗排放	41393452	25.34
3	辅助材料带入排放	32880381	20.13
4	合计排放量	163360234	100.00

（3）排放分配

蜡油加氢装置碳排放包括原料带入排放、能源消耗排放和辅助材料带入排放，对全装置进行质量分配，得到：

$$163360234\ kgCO_2 \div 1442919\ t = 113\ kgCO_2/t$$

7.催化裂化装置

加氢后的蜡油和部分回炼油经混合后进入催化裂化装置进行加工，先后经过反应−再生系统、分馏系统、稳定系统、烟气脱硝系统等，得到干气、液化气、汽油、柴油等产物。

（1）物料平衡

催化裂化装置物料平衡见表4-91。

表 4-91　催化裂化装置物料平衡

进料	加工量/t	出料	产量/t
加氢蜡油	1390070	干气	36792
		液化气	240193
		汽油	676542
		柴油	329912
		污油	279
		油浆	36372
		烧焦	67974
		损失	2006
合计	1390070	合计	1390070

（2）排放清单

1）原料带入排放

催化裂化装置的原料主要来自蜡油加氢装置，装置原料带入CO_2排放量为157365562 $kgCO_2$。

2）能源消耗排放

催化裂化装置能源消耗产生的CO_2排放量见表4-92。

表 4-92　催化裂化装置能源消耗产生 CO_2 排放量

序号	能耗工质	消耗量	碳排放量/$kgCO_2$	占比/%
1	新鲜水	209023t	129594	0.17
2	循环水	24766613t	6191653	8.28
3	除氧水	225485t	6031724	8.07
4	除盐水	79800t	328776	0.44
5	凝结水	−83963t	−1900922	−2.54
6	电	19393107kW·h	20168831	26.98

续表

序号	能耗工质	消耗量	碳排放量/$kgCO_2$	占比/%
7	3.5MPa蒸汽	328692t	119040217	159.22
8	1.0MPa蒸汽	–240500t	–75222987	–100.62
9	0.35MPa蒸汽	0	0	0
10	燃料干气	0	0	0
11	脱乙烯干气	0	0	0
12	合计		74766886	100.00

3）工业生产过程排放

催化裂化装置工业生产过程排放主要由催化裂化的催化剂再生产生，催化裂化装置工业生产过程排放为244253240 $kgCO_2$。

4）催化裂化装置排放汇总

由以上过程可汇总得到催化裂化装置的CO_2排放量，见表4–93。

表 4-93 催化裂化装置 CO_2 排放量

序号	排放类型	排放量/$kgCO_2$	占比/%
1	原料带入排放	157365562	33.04
2	能源消耗排放	74766886	15.69
3	工业生产过程排放	244253240	51.27
4	合计	476385688	100.00

（3）排放分配

催化裂化装置碳排放包括原料带入排放、能源消耗排放和工业生产过程排放，对全装置进行质量分配，得到：

$$476385688\ kgCO_2 \div 1388064\ t = 343\ kgCO_2/t$$

8.碳二回收装置

催化干气作为原料气进入碳二回收装置，气体中大部分碳二及碳二以上有效组分被吸附剂选择性吸附，弱吸附组分H_2、N_2、CH_4等则通过床层从吸附器顶部送出界外，出料主要包括瓦斯气、富乙烯气和富乙烷气。

(1) 物料平衡

碳二回收装置物料平衡见表4-94。

表4-94 碳二回收装置物料平衡

进料	加工量/t	出料	产量/t
催化干气	210888	瓦斯气	108872
		富乙烯气	16152
		富乙烷气	85864
合计	210888	合计	210888

(2) 排放清单

1) 原料带入排放

碳二回收装置的原料主要为来自催化裂化装置的催化干气，装置原料带入CO_2排放量为72272553 kgCO_2。

2) 能源消耗排放

碳二回收装置能源消耗产生的CO_2排放见表4-95。

表4-95 碳二回收装置能源消耗产生CO_2排放量

序号	能耗工质	消耗量	碳排放量/kgCO_2	占比/%
1	新鲜水	7750t	4805	0.006
2	循环水	17375549t	4343887	5.12
3	除氧水	10202t	272904	0.32
4	除盐水	0	0	0
5	凝结水	0	0	0
6	电	53704684kW·h	55852871	65.894
7	3.5MPa蒸汽	31497t	11407061	13.46
8	1.0MPa蒸汽	41202t	12887058	15.20
9	0.35MPa蒸汽	0	0	0

续表

序号	能耗工质	消耗量	碳排放量/$kgCO_2$	占比/%
10	燃料干气	0	0	0
11	脱乙烯干气	0	0	0
12	合计		84768586	100.00

3）碳二回收装置排放汇总

由以上过程可汇总得到碳二回收装置的CO_2排放量，见表4-96。

表 4-96　碳二回收装置的排放量

序号	排放类型	排放量/$kgCO_2$	占比/%
1	原料带入排放	72272553	46.02
2	能源消耗排放	84768586	53.98
3	合计	157041139	100.00

（3）排放分配

碳二回收装置碳排放包括原料带入排放和能源消耗排放，对全装置进行质量分配，得到：

$$157041139\ kgCO_2 \div 210888\ t = 745\ kgCO_2/t$$

9.气体分馏装置

来自催化裂化装置的液化气进入气体分馏装置进行加工，得到丙烯和丙烷等主要产物。

（1）物料平衡

气体分馏装置物料平衡见表4-97。

表 4-97　气体分馏装置物料平衡

进料	加工量/t	出料	产量/t
催化裂化液化气	240193	丙烯	75838
		丙烷	32020
		碳四、碳五	132335
合计	240193	合计	240193

（2）排放清单

1）原料带入排放

气体分馏装置的原料主要为来自催化裂化装置的催化液化气，装置原料带入CO_2排放量为82315674 kgCO_2。

2）能源消耗排放

气体分馏装置能源消耗产生的CO_2排放见表4-98。

表4-98 气体分馏装置能源消耗产生CO_2排放

序号	能耗工质	消耗量	碳排放量/kgCO_2	占比/%
1	新鲜水	7660t	4749	0.032
2	循环水	10800000t	2700000	18.15
3	除氧水	0	0	0.00
4	除盐水	89545t	368925	2.48
5	电	11345366kW·h	11799181	79.338
6	3.5MPa蒸汽	0	0	0.00
7	1.0MPa蒸汽	0	0	0.00
8	0.35MPa蒸汽	0	0	0.00
9	燃料干气	0	0	0.00
10	脱乙烯干气	0	0	0.00
11	合计		14872855	100.00

3）气体分馏装置排放汇总

由以上过程可汇总得到气体分馏装置CO_2排放量，见表4-99。

表4-99 气体分馏装置CO_2排放量

序号	排放类型	排放量/kgCO_2	占比/%
1	原料带入排放	82315674	84.70
2	能源消耗排放	14872855	15.30
3	合计	97188529	100.00

（3）排放分配

气体分馏装置碳排放包括原料带入排放和能源消耗排放，对全装置进行质量分配，得到：

$$97188529\ kgCO_2 \div 240193\ t = 405\ kgCO_2/t$$

10.大芳烃装置

石脑油和甲苯作为原料进入大芳烃装置进行加工，生产出的干气作为原料进入乙烯裂解装置。

（1）物料平衡

大芳烃装置物料平衡见表4-100。

表4-100　大芳烃装置物料平衡

进料	加工量/t	出料	产量/t
甲苯	2134	饱和液化气	14452
直馏重石脑油	458841	甲苯	6134
裂化石脑油	367080	含氢气体	62123
直馏轻石脑油	9021	石油苯	102465
		燃料气	47130
		抽余油	140446
		抽提原料	10229
		对二甲苯	331023
		混合二甲苯	41857
		重芳烃	25049
		半成品库存	2959
		乙烯用原料干气	23693
		1号石脑油	29516
合计	837076	合计	837076

（2）排放清单

1）原料带入排放

大芳烃装置原料主要为来自常减压装置的重石脑油和轻石脑油、重整抽提装置的甲苯和加氢裂化装置的石脑油，大芳烃装置原料带入CO_2排放量见表4-101。

表 4-101　大芳烃装置原料带入 CO_2 排放量

序号	原料来源	投入量/t	CO_2排放量/$kgCO_2$
1	甲苯	2134	1037956
2	重石脑油	458841	14595732
3	石脑油	367080	69532810
4	轻石脑油	9021	286958
5	合计	837076	85453456

2）能源消耗排放

大芳烃装置能源消耗产生的CO_2排放量见表4-102。

表 4-102　大芳烃装置能源消耗产生 CO_2 排放量

序号	能耗工质	消耗量	碳排放量/$kgCO_2$	占比/%
1	新鲜水	23025t	14276	0.002
2	循环水	91466000t	22866500	3.07
3	除盐水	208880t	860586	0.12
4	冷冻水（冷盐水、冷媒质）	147433t	224098	0.03
5	电	119454424kW·h	124232600	16.688
6	3.5MPa蒸汽	499858t	181030279	24.33
7	1.0MPa蒸汽	43371t	13565473	1.82
8	0.3MPa蒸汽	12496t	3394196	0.46
9	甲烷氢	36194t	105051121	14.12
10	天然气	54084t	143294052	19.26
11	干气	591t	1565843	0.21
12	瓦斯气	48438t	128334717	17.25

续表

序号	能耗工质	消耗量	碳排放量/kgCO_2	占比/%
13	净化压缩空气	14567131m^3	2278135	0.31
14	非净化压缩空气	856068m^3	98648	0.01
15	氮气	27952112m^3	17255510	2.32
16	合计		744066034	100.00

3）大芳烃装置排放汇总

由以上过程可汇总得到大芳烃装置的CO_2排放量，见表4–103。

表 4-103　大芳烃装置生产过程 CO_2 排放量

序号	排放类型	排放量/kgCO_2	占比/%
1	原料带入排放	85453456	10.30
2	能源消耗排放	744066034	89.70
3	合计	829519490	100.00

（3）排放分配

大芳烃装置碳排放包括原料带入排放和能源消耗排放，对全装置进行质量分配，得到：

$$829519490\ kgCO_2 \div 837076\ t = 991\ kgCO_2/t$$

11.乙烯裂解装置

乙烯裂解装置的原料由石脑油和循环乙烷/丙烷组成，经乙烯裂解装置得到乙烯、丙烯、甲烷等产物。

（1）物料平衡

乙烯裂解装置物料平衡见表4–104。

表 4-104　乙烯裂解装置物料平衡

进料	加工量/t	出料	产量/t
碳五/碳六轻石脑油	118575	甲烷	105784
外购碳五/碳六轻石脑油	77251	裂解氢气	4598
重石脑油	16203	工业用乙烯	225443

续表

进料	加工量/t	出料	产量/t
外购重石脑油	123860	聚合级丙烯	91900
轻石脑油	69042	混合碳四	62249
外购轻石脑油	24425	汽油加氢轻混合油	127960
炼油气分丙烷轻烃	23919	裂解渣油	19391
尾油常压瓦斯油	136299	裂解萘馏分	147
富碳二气	22377		
干气	23693		
裂解重馏分	147		
合计	635791	合计	637472

注：乙烯裂解装置的进料有1681 t的混合苯，由于未经乙烯裂解装置加工，直接混入汽油加氢轻混合油产物中送入下游装置，因此，混合苯未对乙烯裂解装置的碳排放产生影响，不对其进行计算。

（2）排放清单

1）原料带入排放

乙烯裂解装置原料主要为来自常减压装置的碳五、碳六轻石脑油和重石脑油、加氢裂化装置的轻石脑油、气体分馏装置的炼油气分丙烷轻烃、加氢裂化装置的尾油常压瓦斯油（AGO）、碳二回收装置的富碳二气、大芳烃装置的干气，以及外购的碳五、碳六轻石脑油、重石脑油和裂解重馏分，乙烯裂解装置原料带入CO_2排放量见表4-105。

表4-105　乙烯裂解装置原料带入CO_2排放量

序号	原料来源	投入量/t	CO_2排放量/kgCO_2
1	碳五、碳六轻石脑油	118575	3771871
2	外购碳五、碳六轻石脑油	77251	2457354
3	重石脑油	16203	515417
4	外购重石脑油	123860	3939987
5	轻石脑油	69042	13077936
6	外购轻石脑油	24425	4626584
7	炼油气分丙烷轻烃	23919	9678345

续表

序号	原料来源	投入量/t	原料排放量/kgCO_2
8	尾油AGO	136299	27952953
9	富碳二气	22377	16663481
10	干气	23693	23479052
11	外购裂解重馏分	147	27845
12	合计	635791	106190825

注：外购碳五、碳六轻石脑油和外购重石脑油按照常减压装置的产品排放强度计算，外购轻石脑油和裂解重馏分按照加氢裂化装置的产品排放强度计算得到。

2）能源消耗排放

乙烯裂解装置能源消耗的CO_2排放情况见表4-106。

表4-106　乙烯裂解装置能源消耗产生CO_2排放量

序号	能耗工质	消耗量	碳排放量/kgCO_2	占比/%
1	新鲜水	117006t	72544	0.016
2	循环水	94027110t	23506778	5.07
3	软化水	44170t	36219	0.008
4	除盐水	753439t	3104169	0.67
5	电	39301079kW·h	40873122	8.81
6	3.5MPa蒸汽	287859t	104251998	22.48
7	1.0MPa蒸汽	0	0	0.00
8	0.35MPa蒸汽	0	0	0.00
9	液化石油气	242t	766908	0.17
10	甲烷氢	98763t	286658151	61.787
11	净化压缩空气	7285996m^3	1139448	0.25
12	非净化压缩空气	1158547m^3	133504	0.029
13	氮气	5301457m^3	3272717	0.71
14	合计		463815558	100.00

3）工业生产过程排放

乙烯裂解装置工业生产过程排放主要由裂解炉烧焦产生，乙烯裂解装置工业生产过程排放为137761 $kgCO_2$。

4）乙烯裂解装置排放汇总

由以上过程可得乙烯裂解过程的CO_2排放量，见表4-107。

表4-107　乙烯裂解装置生产过程 CO_2 排放量

序号	排放类型	排放量/$kgCO_2$	占比/%
1	原料带入排放	106190825	18.63
2	能源消耗排放	463815558	81.35
3	工业生产过程排放	137761	0.02
4	合计	570144144	100.00

（3）排放分配

乙烯裂解装置碳排放包括原料带入排放、能源消耗排放和工业生产过程排放，对全装置进行质量分配，得到：

$$570144144\ kgCO_2 \div 635791\ t = 897\ kgCO_2/t$$

12.聚乙烯装置

来自乙烯装置的乙烯、丁烯及氢气进入聚乙烯装置进行加工，经过原料精制单元、聚合单元、催化剂单元、回收单元等环节得到聚乙烯产品。

（1）物料平衡

聚乙烯装置物料平衡见表4-108。

表4-108　聚乙烯装置物料平衡

进料	加工量/t	出料	产量/t
工业用乙烯	109157	聚乙烯	118969
丁烯	9779		
氢气	33		
合计	118969	合计	118969

（2）排放清单

1）原料带入排放

聚乙烯装置原料主要为来自乙烯裂解装置的乙烯和丁烯，装置原料带入CO_2排放量为106656014 $kgCO_2$。

2）能源消耗排放

聚乙烯装置能源消耗的CO_2排放情况见表4-109。

表4-109 聚乙烯装置能源消耗产生CO_2排放量

序号	能耗工质	消耗量	碳排放量/$kgCO_2$	占比/%
1	新鲜水	53372t	33091	0.069
2	循环水	18299118t	4574780	9.52
3	软化水	23726t	19455	0.04
4	除盐水	0	0	0
5	电	31229752kW·h	32478942	67.621
6	3.5MPa蒸汽	2641t	956474	1.99
7	1.0MPa蒸汽	8035t	2513167	5.23
8	0.35MPa蒸汽	0	0	0
9	液化石油气	0	0	0
10	甲烷氢	0	0	0
11	净化压缩空气	3879609m^3	606727	1.26
12	非净化压缩空气	2044119m^3	235552	0.49
13	氮气	10720193m^3	6617832	13.78
14	合计		48036020	100.00

3）辅助材料带入排放

聚乙烯装置的辅助材料为乙烯裂解装置产生的氢气，辅助材料带入CO_2排放量为29808 $kgCO_2$。

4）聚乙烯装置排放汇总

由以上过程可汇总得到聚乙烯过程的CO_2排放量，见表4-110。

表 4-110　聚乙烯装置生产过程 CO_2 排放量

序号	排放类型	排放量/$kgCO_2$	占比/%
1	原料带入排放	106656014	68.93
2	能源消耗排放	48036020	31.05
3	辅助材料带入排放	29808	0.02
4	合计	154721842	100.00

（3）排放分配

聚乙烯装置碳排放包括原料带入排放、能源消耗排放和辅助材料带入排放，对全装置进行质量分配，得到：

$$154721842\ kgCO_2 \div 118969\ t = 1301\ kgCO_2/t$$

综上，得到聚乙烯产品的碳足迹值为1301 $kgCO_2/t$。

4.4.3.4　聚乙烯产品碳足迹分析

聚乙烯产品生产过程包括乙烯原料和聚乙烯生产过程，各环节的碳排放强度如图4–10、图4–11所示。

将聚乙烯生产过程各装置的碳排放强度汇总，如图4–12所示。

由图4–12可知，在原料获取阶段，碳二回收装置的碳排放强度最高，达到745 $kgCO_2/t$，其原料主要来自催化裂化装置。对于碳二回收装置，原料带入排放占比46%，能源消耗排放占54%，碳二回收装置的能耗CO_2排放量较大。碳二回收装置处于乙烯原料获取阶段的后端，从常减压、延迟焦化、蜡油加氢、催化裂化等装置能耗带入的CO_2排放均已计入产品中，并带入碳二回收装置中，以上装置的产品作为原料进入碳二回收装置。在聚乙烯生产阶段，乙烯裂解装置的碳排放强度最高，达到897 $kgCO_2/t$，能源消耗排放量较大，在装置中占81%，降低乙烯裂解装置的能源消耗排放对降低聚乙烯产品碳足迹有重要意义。

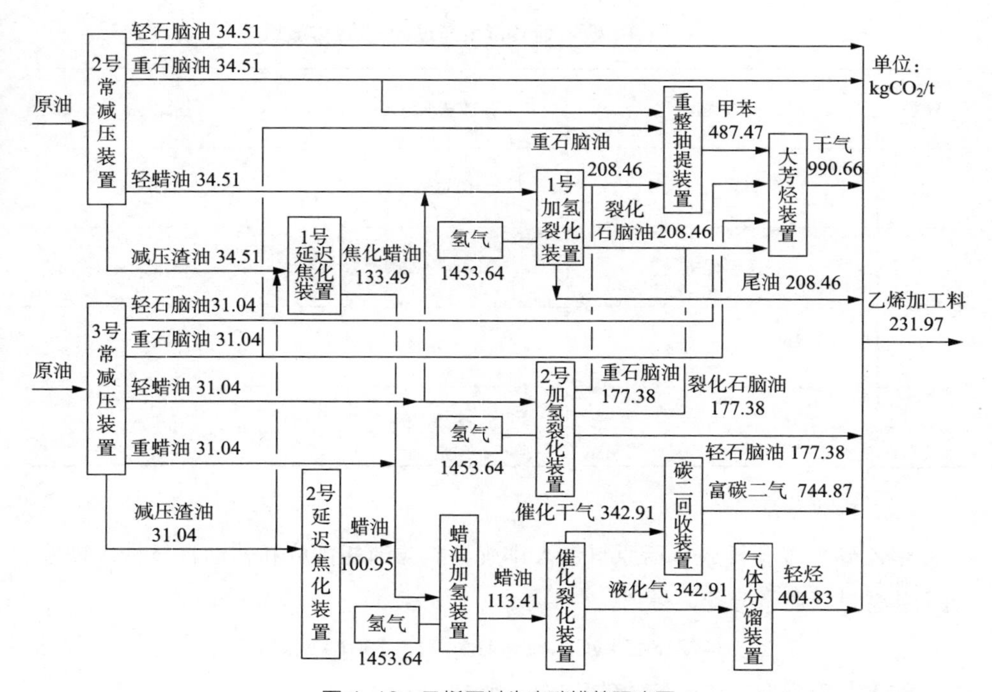

图 4-10　乙烯原料生产碳排放强度图

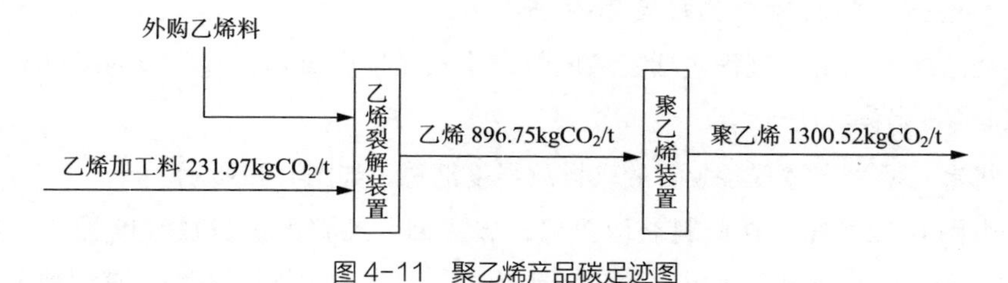

图 4-11　聚乙烯产品碳足迹图

4.4.4 聚丙烯产品碳足迹

4.4.4.1　评价对象和边界

以某炼化企业生产的聚丙烯产品为评价对象，按照全生命周期评价方法，计算生产聚丙烯产品的单位产品温室气体排放量，以 $kgCO_2/t$ 表示。系统边界范围为该企业炼油厂，采用B2B的碳足迹核算方法，包括从原油进厂到聚丙烯产品出厂的所有加工过程。

4.4.4.2　搭建总加工流程

聚丙烯生产主要由该企业炼油厂树脂部完成，生产聚丙烯的原料包括炼油丙

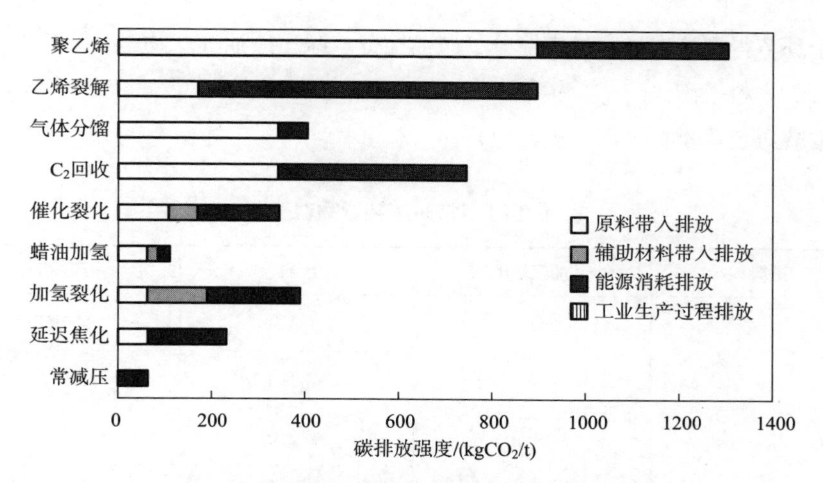

图 4-12 聚乙烯生产过程各装置碳排放强度图

烯、化工丙烯及乙烯，炼油丙烯主要由气体分馏装置生产，化工丙烯及乙烯主要由乙烯裂解装置生产；炼油部为乙烯裂解装置提供原料，包括：轻裂解料、轻石脑油、加氢裂化尾油等。主要加工流程如图4-13所示。

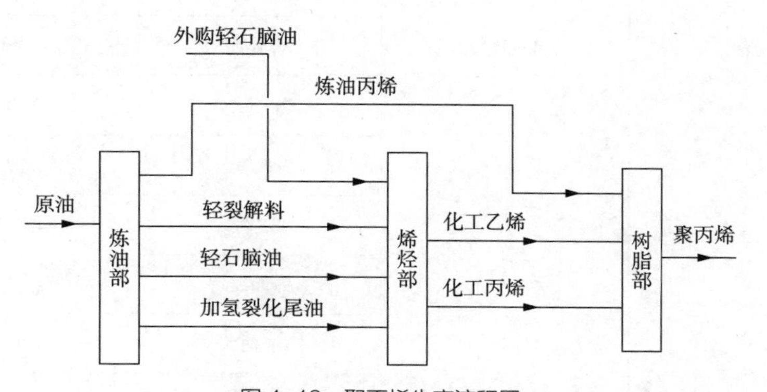

图 4-13 聚丙烯生产流程图

4.4.4.3 聚丙烯产品碳足迹评价

在聚丙烯产品的生产过程中，产生的碳排放主要包括原料带入排放、能源消耗排放、辅助材料带入排放和工业生产过程排放。其中，涉及工业生产过程排放的装置主要包括催化裂化装置和制氢装置；辅助材料主要指氢气，涉及辅助材料带入排放的装置主要包括中压加氢裂化装置和高压加氢裂化装置。

1.常减压装置

原油进入常减压装置进行加工，先后经过电脱盐、初馏、常压蒸馏、减压蒸馏四个环节得到液态烃、航煤馏分、柴油馏分、减压渣油等产物。

（1）物料平衡

常减压装置物料平衡见表4-111。

表4-111　常减压装置物料平衡

进料	加工量/t	出料	产量/t
原油	4699549	初顶	509107
		常顶	230391
		液态烃	7704
		常一线	583958
		常二线	587273
		常三线	357915
		常四线	94492
		减顶油	4486
		减一线	32789
		减二线	220734
		减三线	430579
		减四线	252779
		渣油	1326124
		气体	21915
		重蜡油	39303
合计	4699549	合计	4699549

（2）排放清单

1）能源消耗排放

常减压装置排放主要包括常压炉和减压炉燃料燃烧产生的排放，蒸汽、电消耗产生的能源间接排放以及其他能源工质消耗产生的排放，具体数值见表4-112。

表 4-112　常减压装置能源消耗产生的 CO_2 排放量

序号	能耗工质	消耗量	碳排放量/$kgCO_2$	占比/%
1	新鲜水	418t	187	0.0002
2	循环水	9868926t	2945401	2.45
3	除氧水	8892t	244153	0.20
4	除盐水	41475t	284519	0.24
5	电	31798691kW·h	33121517	27.52
6	3.5MPa蒸汽	0	0	0
7	1.0MPa蒸汽	48941t	11100970	9.22
8	0.35MPa蒸汽	0	0	0
9	燃料干气	8693t	23031971	19.14
10	脱乙烯干气	20560t	49628233	41.23
11	合计		120356951	100.00

2）常减压装置排放汇总

由以上过程可得到常减压装置的CO_2排放量为120356951 $kgCO_2$。

（3）排放分配

常减压装置的碳排放可按全装置质量分配法，得到：

$$120356951\ kgCO_2 \div 4699549\ t = 26\ kgCO_2/t$$

2.延迟焦化装置

延迟焦化装置原料来自常减压装置和丙烷脱沥青装置，经焦化、脱硫等过程得到液态烃、汽油、柴油、蜡油和焦炭等产物。

（1）物料平衡

延迟焦化装置物料平衡见表4-113。

表 4-113　延迟焦化装置物料平衡

进料	加工量/t	出料	产量/t
蒸馏减压渣油	600409	气体	43337
焦化原料渣油-重油罐区料	54621	液态烃	29929

续表

进料	加工量/t	出料	产量/t
焦化原料渣油–丙烷沥青	44849	汽油	137883
催化油浆	36640	柴油	140733
液态烃	7704	焦炭	239201
重石脑油–高压加氢装置	8131	蜡油	180472
干气–蒸馏装置	11752		
合计	764106	合计	771555

注：装置物料平衡表中合计加工量与产量会存在不一致的情况，主要是计量误差所至，可忽略对结果产生的影响。其余装置情况相同，不再赘述。

（2）排放清单

1）原料带入排放

延迟焦化装置的原料主要来自常减压装置和丙烷脱沥青装置等，其中重石脑油和干气主要进入吸收稳定系统，不直接参与反应过程，碳排放量为0；延迟焦化装置原料带入CO_2排放量见表4–114。

表 4–114　延迟焦化装置原料带入 CO_2 排放量

原料来源	投入量/t	CO_2排放量/kgCO_2
蒸馏减压渣油	600409	17866378
焦化原料渣油–重油罐区料	54621	1625521
焦化原料渣油–丙烷沥青	44849	4781800
催化油浆	36640	10210835
液态烃	7704	229271
合计	744223	34713805

2）能源消耗排放

延迟焦化装置能源消耗产生的CO_2排放量见表4–115。

表 4–115　延迟焦化装置能源消耗产生 CO_2 排放量

序号	能耗工质	消耗量	碳排放量/kgCO_2	占比/%
1	新鲜水	0	0	0
2	循环水	6683573t	1994726	4.11

续表

序号	能耗工质	消耗量	碳排放量/$kgCO_2$	占比/%
3	除氧水	0	0	0
4	除盐水	21843t	149843	0.31
5	电	10883640kW·h	11336399	23.37
6	3.5MPa蒸汽	167754t	44058534	90.83
7	1.0MPa蒸汽	−191335t	−43399278	−89.47
8	0.35MPa蒸汽	0	0	0.00
9	燃料干气	5936t	15727342	32.42
10	脱乙烯干气	7035t	18639126	38.43
11	合计		48506692	100.00

3）延迟焦化装置排放汇总

由以上过程可汇总得到延迟焦化装置的CO_2排放量，见表4-116。

表4-116　延迟焦化装置CO_2排放量汇总

序号	排放类型	碳排放量/$kgCO_2$	占比/%
1	原料带入排放	34713805	41.71
2	能源消耗排放	48506692	58.29
3	合计	83220497	100.00

（3）排放分配

延迟焦化装置碳排放包括原料带入排放和能源消耗排放，对全装置进行质量分配，得到：

$$83220497\ kgCO_2 \div 771555\ t = 108\ kgCO_2/t$$

3.丙烷脱沥青装置

减压渣油原料自常减压装置进入丙烷脱沥青装置，丙烷送至丙烷罐，丁烷由气体分馏装置送至丁烷罐。

（1）物料平衡

丙烷脱沥青装置物料平衡见表4-117。

表 4-117 丙烷脱沥青装置物料平衡

进料	加工量/t	出料	产量/t
减渣–重油罐区	292104	轻脱油	68955
		重脱油	20642
		沥青	202477
合计	292104	合计	292074

（2）排放清单

1）原料带入排放

丙烷脱沥青装置的原料主要为常减压装置的减压渣油，丙烷脱沥青装置原料带入排放为8692979 kgCO_2。

2）能源消耗排放

丙烷脱沥青装置能源消耗产生的CO_2排放量见表4–118。

表 4-118 丙烷脱沥青装置能源消耗产生的 CO_2 排放量

序号	能耗工质	消耗量	碳排放量/kgCO_2	占比/%
1	新鲜水	5070t	2270	0.01
2	循环水	2061500t	615259	2.74
3	除氧水	0	0	0
4	除盐水	19t	130	0.00
5	电	3404458kW·h	3546083	15.80
6	3.5MPa蒸汽	0	0	0.00
7	1.0MPa蒸汽	46809t	10617382	47.30
8	0.35MPa蒸汽	0	0	0
9	燃料干气	1133t	3001866	13.37
10	脱乙烯干气	1761t	4665743	20.78
11	合计		22448733	100.00

3）丙烷脱沥青装置排放汇总

由以上过程可汇总得到丙烷脱沥青装置的CO_2排放量，见表4–119。

表 4-119　丙烷脱沥青装置 CO_2 排放量汇总

序号	排放类型	碳排放量/$kgCO_2$	占比/%
1	原料带入排放	8692979	27.91
2	能源消耗排放	22448733	72.09
3	合计排放量	31141712	100.00

（3）排放分配

丙烷脱沥青装置碳排放包括原料带入排放和能源消耗排放，对全装置进行质量分配，得到：

$$31141712\ kgCO_2 \div 292074\ t = 107\ kgCO_2/t$$

4.蜡油加氢装置

自常减压装置来的常四线油和减四线油与丙烷脱沥青油、焦化蜡油等原料进入蜡油加氢装置进行加工，经反应、分馏、脱硫过程得到精制蜡油送入催化裂化装置。

（1）物料平衡

蜡油加氢装置物料平衡见表4-120。

表 4-120　蜡油加氢装置物料平衡

进料	加工量/t	出料	产量/t
加氢裂化罐区料	88707	气体	7676
蒸馏常四线油	58439	轻石脑油	231
蒸馏减四线油	154065	催化原料	490985
丙烷轻脱沥青油	68955	酸性气	3285
丙烷重脱沥青油	20642	污油	1353
焦化蜡油	102639		
焦化汽油	5150		
氢气	5461		
合计	504058	合计	503530

（2）排放清单

1）原料带入排放

蜡油加氢装置原料主要来自常减压装置、丙烷脱沥青装置以及延迟焦化装置，其原料加工量为504058 t，氢气来自氢气管网，由于用量小于物料总量的1%，可忽略不计，原料带入排放见表4-121。

表 4-121　蜡油加氢装置原料带入产生的 CO_2 排放

序号	原料来源	CO_2排放量/$kgCO_2$
1	加氢裂化罐区料	2639920
2	蒸馏常四线油	1739145
3	蒸馏减四线油	4584974
4	丙烷轻脱沥青油	7351982
5	丙烷重脱沥青油	2200850
6	延迟焦化蜡油	11070932
7	延迟焦化汽油	555479
8	氢气	—
9	合计	30143282

2）能源消耗排放

蜡油加氢装置能源消耗产生的CO_2排放量见表4-122。

表 4-122　蜡油加氢装置能源消耗产生的 CO_2 排放量

序号	能耗工质	消耗量	碳排放量/$kgCO_2$	占比/%
1	新鲜水	35t	16	0.0001
2	循环水	2648331t	790400	3.49
3	除氧水	0	0	0
4	除盐水	44159t	302931	1.34
5	电	15406800kW·h	16047722	70.88
6	3.5MPa蒸汽	95017t	24955052	110.22

续表

序号	能耗工质	消耗量	碳排放量/$kgCO_2$	占比/%
7	1.0MPa蒸汽	−101751t	−23079520	−101.94
8	0.35MPa蒸汽	0	0	0
9	燃料干气	469t	1242608	5.49
10	脱乙烯干气	899t	2381887	10.52
11	合计		22641096	100.00

3）蜡油加氢装置排放汇总

由以上过程可汇总得到蜡油加氢装置的CO_2排放量，见表4-123。

表 4-123　蜡油加氢装置 CO_2 排放量

序号	排放类型	排放量/$kgCO_2$	占比/%
1	原料带入排放	30143282	57.11
2	能源消耗排放	22641096	42.89
3	合计	52784378	100.00

（3）排放分配

蜡油加氢装置碳排放包括原料带入排放和能源消耗排放，对全装置进行质量分配，得到：

$$52784378\ kgCO_2 \div 503530\ t = 105\ kgCO_2/t$$

5.催化裂化装置

常减压装置生产的热渣油、重油罐区的冷渣油、丙烷脱沥青装置的脱沥青油混合后进入催化裂化装置进行加工，经反应再生、烟气能量回收、分馏、吸收稳定、脱硫等过程得到液态烃、汽油、柴油等产物。

（1）物料平衡

催化裂化装置物料平衡见表4-124。

表 4-124　催化裂化装置物料平衡

进料	加工量/t	出料	产量/t
常压渣油	524157	酸性气	1863

续表

进料	加工量/t	出料	产量/t
减压渣油	41873	气体	73285
催化罐区催化原料	350539	液态烃	268075
蜡油加氢处理装置料	466313	汽油	768833
航煤加氢装置轻石脑油	3789	柴油	249942
中压加氢装置料	49277	油浆	94191
汽柴油加氢装置轻石脑油	62262	烧焦	138924
焦化汽油	81357		
其他	15546		
合计	1595113	合计	1595113

（2）排放清单

1）原料带入排放

催化裂化的原料排放包括常减压装置的常压渣油和减压渣油、蜡油加氢装置的加氢蜡油、延迟焦化装置的焦化汽油、汽柴油加氢装置的轻石脑油等原料带入的排放，其原料带入排放见表4–125。

表4-125　催化裂化装置原料带入产生的 CO_2 排放量

序号	原料来源	投入量/t	CO_2排放量/kgCO_2
1	常压渣油	524157	10320651
2	减压渣油	41873	824479
3	催化罐区催化原料	350539	10432041
4	蜡油加氢处理装置料	466313	48883593
5	航煤加氢装置轻石脑油	3789	165579
6	中压加氢装置料	49277	14141513
7	汽柴油加氢装置轻石脑油	62262	12452400
8	焦化汽油	81357	8775166
9	合计		105995422

2）能源消耗排放

催化裂化装置能源消耗产生的CO_2排放量见表4-126。

表 4-126　催化裂化装置能源消耗产生的 CO_2 排放量

序号	能耗工质	消耗量	碳排放量/kgCO_2	占比/%
1	新鲜水	1159t	519	-0.0005
2	循环水	30777082t	9185482	-9.00
3	除氧水	300023t	8237907	-8.07
4	除盐水	505632t	3468636	-3.40
5	电	9916001kW·h	10328507	-10.12
6	3.5MPa蒸汽	-195571t	-51364329	50.33
7	1.0MPa蒸汽	-361176t	-81914664	80.26
8	0.35MPa蒸汽	0	0	
9	燃料干气	0	0	
10	脱乙烯干气	0	0	
11	合计		-102057942	100.00

3）工业生产过程排放

催化裂化装置工业生产过程排放主要来自催化烧焦，催化裂化装置工业生产过程排放为459264684 kgCO_2。

4）催化裂化装置排放汇总

由以上过程可汇总得到催化裂化装置的CO_2排放量，见表4-127。

表 4-127　催化裂化装置 CO_2 排放量

序号	排放类型	排放量/kgCO_2	占比/%
1	原料带入排放	105995422	22.88
2	能源消耗排放	-102057942	-22.03
3	工业生产过程排放	459264684	99.15
4	合计	463202164	100.00

（3）排放分配

催化裂化装置碳排放包括原料带入排放、能源消耗排放和工业生产过程排放，对全装置进行质量分配，得到：

$$463202164\ kgCO_2 \div 1595113\ t = 290\ kgCO_2/t$$

6.气体分馏装置

液态烃进入界区后分为两股，一股进入脱丙烷塔进行碳三、碳四的分离，另一股送入脱丙烷系统，在气体分馏装置中进行乙烷和丙烷的脱除、丙烯的精馏和精制等加工。

（1）物料平衡

气体分馏装置物料平衡见表4–128。

表 4-128　气体分馏装置物料平衡

进料	加工量/t	出料	产量/t
气分罐区料	277377	丙烯	84530
丙烯	1327	异丁烯	143750
西庄罐区料	78986	丙烷	38482
		烷基化料	37855
		气体	10612
		液态烃	42331
		损失	130
合计	357690	合计	357690

（2）排放清单

1）原料带入排放

气体分馏装置的原料主要来自催化裂化装置，按照催化裂化装置的碳排放强度计算该装置原料带入排放量，原料中丙烯量小于总量的1%，可忽略不计。以上过程可汇总得到气体分馏装置的原料带入CO_2排放量，见表4–129。

表 4-129 气体分馏装置原料带入产生的 CO_2 排放

序号	原料来源	投入量/t	CO_2排放量/kgCO_2
1	气分罐区料	277377	80547037
2	丙烯	1327	—
3	西庄罐区料	78986	22936611
4	合计	357690	103483648

2）能源消耗排放

气体分馏装置能源消耗产生的CO_2排放量见表4-130。

表 4-130 气体分馏装置能源消耗产生的 CO_2 排放量

序号	能耗工质	消耗量	碳排放量/kgCO_2	占比/%
1	新鲜水	0	0	0
2	循环水	19461600t	5808353	12.21
3	除氧水	0	0	0
4	除盐水	19t	130	0.00
5	电	5682876kW·h	5919284	12.44
6	3.5MPa蒸汽	0	0	0
7	1.0MPa蒸汽	102068t	23151423	48.68
8	0.35MPa蒸汽	64404t	12686192	26.67
9	燃料干气	0	0	0
10	脱乙烯干气	0	0	0
11	合计		47565382	100.00

3）气体分馏装置排放汇总

由以上过程可汇总得到气体分馏装置的CO_2排放量，见表4-131。

表 4-131　气体分馏装置 CO_2 排放量

序号	排放类型	排放量/kgCO₂	占比/%
1	原料带入排放	103483648	68.51
2	能源消耗排放	47565382	31.49
3	合计	151049030	100.00

（3）排放分配

气体分馏装置碳排放包括原料带入排放和能源消耗排放，对全装置进行质量分配，得到：

$$151049030\ kgCO_2 \div 357560\ t = 422\ kgCO_2/t$$

7.制氢装置

天然气与低分气混合后发生脱硫反应，之后在吸附剂的依次选择吸附下，一次性除去氢以外的所有杂质，直接获取纯度大于99.9%的产品氢气，从塔顶排出。

（1）物料平衡

制氢装置物料平衡见表4-132。

表 4-132　制氢装置物料平衡

进料	加工量/t	出料	产量/t
氢气B-膜分离制氢装置料	323	氢气	6293
天然气-储运分输站料	20290	尾气	14320
合计	20613	合计	20613

（2）排放清单

1）能源消耗排放

制氢装置能源消耗产生的CO_2排放量见表4-133。

表 4-133　制氢装置能源消耗产生的 CO_2 排放量

序号	能耗工质	消耗量	碳排放量/kgCO₂	占比/%
1	新鲜水	183t	82	0.0008
2	循环水	142148t	42424	0.41

续表

序号	能耗工质	消耗量	碳排放量/$kgCO_2$	占比/%
3	除氧水	0	0	0
4	除盐水	141867t	973208	9.47
5	电	2663676kW·h	722553	7.03
6	3.5MPa蒸汽	–36137t	–9490941	–92.39
7	1.0MPa蒸汽	8587t	1947734	18.96
8	0.35MPa蒸汽	–6996t	–1378060	–13.41
9	燃料干气	5225t	13843557	134.77
10	脱乙烯干气	1363t	3611248	35.16
11	合计		10271805	100.00

2）工业生产过程排放

制氢装置的工业生产过程排放主要来自制氢工艺，制氢装置工业生产过程排放量为24412379 $kgCO_2$。

3）制氢装置排放汇总

由以上过程可汇总得到制氢装置的CO_2排放量，见表4–134。

表4–134 制氢装置 CO_2 排放量

序号	排放类型	碳排放量/$kgCO_2$	占比/%
1	原料带入排放	0	0
2	能源消耗排放	10271805	29.61
3	工业生产过程排放	24412379	70.39
4	合计	34684184	100.00

（3）排放分配

制氢装置碳排放包括原料带入排放、能源消耗排放和工业生产过程排放，将排放量对氢气产量进行质量分配，得到：

$$34684184\ kgCO_2 \div 6293\ tH_2 = 5512\ kgCO_2/tH_2$$

8.中压加氢裂化装置

在中压加氢裂化装置中，氢气和原料油混合依次流经加氢精制和加氢裂化，进料在加氢精制和加氢裂化催化剂作用下进行加氢脱硫、脱氮、裂解和饱和等反应，得到石脑油、煤油、柴油等产物。

（1）物料平衡

中压加氢裂化装置物料平衡见表4–135。

表4-135　中压加氢裂化装置物料平衡

进料	加工量/t	出料	产量/t
蒸馏常二线油	224233	三废含硫	7077
联合罐区料	239256	气体	11022
老原油罐区航煤组分	6538	轻石脑油	12317
蒸馏减一线油	17411	重石脑油	68900
氢气–氢气管网料	15966	煤油	91397
干气–连续重整装置料	747	柴油	309588
		污油	3693
		损失	157
合计	504151	合计	504151

（2）排放清单

1）原料带入排放

中压加氢裂化装置的原料来自常减压装置的馏分，常减压装置的排放强度为30 $kgCO_2/t$。中压加氢裂化装置原料带入排放见表4–136。

表4-136　中压加氢裂化装置原料带入产生的 CO_2 排放量

序号	原料来源	投入量/t	CO_2排放量/$kgCO_2$
1	蒸馏常二线油	224233	6673174
2	联合罐区料	239256	7120155
3	老原油罐区航煤组分	6538	194571
4	蒸馏减一线油	17411	518151
5	干气–连续重整装置料	747	0
6	合计		14506051

2）能源消耗排放

中压加氢裂化装置能源消耗产生的CO_2排放量见表4-137。

表 4-137　中压加氢裂化装置能源消耗产生的 CO_2 排放量

序号	能耗工质	消耗量	碳排放量/$kgCO_2$	占比/%
1	新鲜水	900t	403	0.003
2	循环水	6909137t	2062046	4.89
3	除氧水	0	0	0.00
4	除盐水	215918t	1481197	3.51
5	电	19925094kW·h	20753978	49.21
6	3.5MPa蒸汽	0	0	0.00
7	1.0MPa蒸汽	34591t	7846052	18.60
8	0.35MPa蒸汽	-57408t	-11308131	-26.81
9	燃料干气	3159t	8369722	19.84
10	脱乙烯干气	4896t	12971878	30.76
11	合计		42177145	100.00

3）辅助材料带入排放

中压加氢裂化装置的辅助材料为来自氢气管网的氢气，辅助材料带入CO_2排放量为87997407 $kgCO_2$。

4）中压加氢装置排放汇总

由以上过程可汇总得到中压加氢裂化装置的CO_2排放量，见表4-138。

表 4-138　中压加氢裂化装置的 CO_2 排放量

序号	排放类型	碳排放量/$kgCO_2$	占比/%
1	原料带入排放	14506051	10.03
2	能源消耗排放	42177145	29.15
3	辅助材料带入排放	87997407	60.82
4	合计	144680603	100.00

（3）排放分配

中压加氢裂化装置碳排放包括原料带入排放、能源消耗排放和辅助材料带入排放，对全装置进行质量分配，得到：

$$144680603\ kgCO_2 \div 503994\ t = 287\ kgCO_2/t$$

9.高压加氢裂化装置

在高压加氢裂化装置中，氢气和原料油依次经过加氢精制和加氢裂化，发生加氢脱硫、加氢脱氮、加氢饱和、加氢裂化等反应，得到石脑油、煤油、柴油等产物。

（1）物料平衡

高压加氢裂化装置物料平衡见表4-139。

表 4-139　高压加氢裂化装置物料平衡

进料	加工量/t	出料	产量/t
蒸馏常三线油	269889	液化气	18890
蒸馏减顶油	4083	气体	12010
蒸馏减一线油	11194	轻石脑油	32895
蒸馏减二线油	200225	重石脑油	133689
蒸馏减三线油料	231168	煤油	284943
加氢裂化罐区	11547	柴油	134834
焦化蜡油	18215	尾油	214788
催化柴油	78924	污油	1350
氢气	26764	三废含硫	17909
		损失	701
合计	852009	合计	852009

（2）排放清单

1）原料带入排放

高压加氢裂化装置的原料包括蒸馏装置各馏分油、焦化蜡油、催化柴油，高压加氢裂化装置原料带入排放见表4-140。

表 4-140　高压加氢裂化装置原料带入产生的 CO_2 排放量

序号	原料来源	投入量/t	CO_2排放量/kgCO_2
1	蒸馏常三线油	269889	8031897
2	蒸馏减顶油	4083	121510
3	蒸馏减一线油	11194	333133
4	蒸馏减二线油	200225	5958696
5	蒸馏减三线油	231168	6879560
6	加氢裂化罐区料	11547	343639
7	焦化蜡油	18215	1964670
8	催化柴油	78924	21994752
9	合计		45627857

2）能源消耗排放

高压加氢裂化装置能源消耗产生的CO_2排放见表4-141。

表 4-141　高压加氢裂化装置能源消耗产生的 CO_2 排放量

序号	能耗工质	消耗量	碳排放量/kgCO_2	占比/%
1	新鲜水	0	0	0.00
2	循环水	8149856t	2432341	4.11
3	除氧水	0	0	0.00
4	除盐水	110804t	760115	1.29
5	电	45590099kW·h	47486646	80.33
6	3.5MPa蒸汽	156467t	41094142	69.51
7	1.0MPa蒸汽	−149496t	−33909207	−57.36
8	0.35MPa蒸汽	−49348t	−9720486	−16.44
9	燃料干气	1783t	4724031	7.99
10	脱乙烯干气	2359t	6250135	10.57
11	合计		59117717	100.00

3）辅助材料带入排放

高压加氢裂化装置的辅助材料为来自氢气管网的氢气，辅助材料带入CO_2排放量为147511124 $kgCO_2$。

4）高压加氢裂化装置排放汇总

由以上过程可汇总得到高压加氢裂化装置的CO_2排放，见表4-142。

表4-142　高压加氢裂化装置CO_2排放量

序号	排放类型	碳排放量/$kgCO_2$	占比/%
1	原料带入排放	45627857	18.09
2	能源消耗排放	59117717	23.44
3	辅助材料带入排放	147511124	58.47
4	合计	252256698	100.00

（3）排放分配

高压加氢裂化装置碳排放包括原料带入排放、能源消耗排放和辅助材料带入排放，对全装置进行质量分配，得到：

$$252256698\ kgCO_2 \div 851308\ t = 296\ kgCO_2/t$$

10.连续重整装置

重整进料进入连续重整装置，先后经过预加氢、重整、催化剂再生、抽提原料等环节得到液态烃、石脑油、汽油等产物。

（1）物料平衡

连续重整装置物料平衡见表4-143。

表4-143　连续重整装置物料平衡

进料	加工量/t	出料	产量/t
高压加氢装置-重石脑油	947	重石脑油	5619
中压加氢装置-重石脑油	63615	轻石脑油	92712
联合罐区料	300796	碳六组分	70415
二蒸馏常顶	52404	含氢气体	23307
二蒸馏初顶	12592	气体	1225

续表

进料	加工量/t	出料	产量/t
四蒸馏初顶	46419	液态烃	1710
四蒸馏常顶	25565	汽油	291688
		戊烷	15604
		损失	58
合计	502338	合计	502338

（2）排放清单

1）原料带入排放

连续重整装置的原料带入排放包括高压加氢裂化装置的重石脑油、中压加氢裂化装置的重石脑油、常减压装置的常顶油、部分初顶油，连续重整装置的原料带入CO_2排放见表4-144。

表4-144　连续重整装置原料带入产生的CO_2排放量

序号	原料来源	投入量/t	CO_2排放量/kgCO_2
1	高压加氢重石脑油	947	280378
2	中压加氢重石脑油	63615	18255781
3	联合罐区	300796	8951689
4	A蒸馏常顶油	52404	1559543
5	A蒸馏初顶油	12592	374738
6	B蒸馏初顶油	46419	913990
7	B蒸馏常顶油	25565	503375
8	合计		30839494

2）能源消耗排放

连续重整装置能源消耗产生的CO_2排放量见表4-145。

表 4-145 连续重整装置能源消耗产生的 CO_2 排放量

序号	能耗工质	消耗量	碳排放量/$kgCO_2$	占比/%
1	新鲜水	900t	403	0.0004
2	循环水	15995310t	4773832	4.58
3	除氧水	0	0	0.00
4	除盐水	21819t	149678	0.14
5	电	31019640kW·h	32310057	30.99
6	3.5MPa蒸汽	−19064t	−5006926	−4.80
7	1.0MPa蒸汽	53283t	12085838	11.59
8	0.35MPa蒸汽	0	0	0.00
9	燃料干气	18667t	49457933	47.44
10	脱乙烯干气	3954t	10476063	10.05
11	合计		104246878	100.00

3）连续重整装置排放汇总

由以上过程可汇总得到连续重整装置的CO_2排放量，见表4–146。

表 4-146 连续重整装置 CO_2 排放量

序号	排放类型	排放量/$kgCO_2$	占比/%
1	原料带入排放	30839494	22.83
2	能源消耗排放	104246878	77.17
3	合计	135086372	100.00

（3）排放分配

连续重整装置碳排放包括原料带入排放和能源消耗排放，对全装置进行质量分配，得到：

$$135086372\ kgCO_2 \div 502280\ t = 269\ kgCO_2/t$$

11.乙烯裂解装置

乙烯裂解装置主要以加氢尾油、重柴油、石脑油和轻烃为原料，经过高温蒸汽裂解、急冷、压缩、分离等工艺过程，生产出高纯度的乙烯、丙烯产品和氢气、液化气、碳四、碳五、裂解汽油、裂解轻柴油、裂解燃料油等副产品，为下游的聚乙烯装置、1-己烯装置、聚丙烯装置、丁二烯装置、芳烃装置等提供原料。

（1）物料平衡

乙烯裂解装置的物料平衡见表4-147。

表 4-147　乙烯裂解装置物料平衡

进料	原料量/t	出料	产量/t
轻裂解料	344373	乙烯	400169
加氢尾油	223820	丙烯	186013
轻烃裂解料	53392	碳四	118453
轻石脑油	515342	乙烯裂解汽油	212446
其他	52672	甲烷氢	139460
		其他	133058
合计	1189599	合计	1189599

（2）排放清单

1）原料带入排放

乙烯裂解装置的原料包括：轻裂解料（来自常减压装置）、轻石脑油（分别来自加氢裂化装置、连续重整装置以及外购），加氢尾油（来自高压加氢裂化装置）以及轻烃裂解料（来自催化裂化装置），其原料带入排放见表4-148。

表 4-148　乙烯裂解装置原料带入产生的 CO_2 排放量

序号	物料	原料量/t	CO_2排放量/kgCO_2
1	轻裂解料	344373	10248543
2	加氢尾油	223820	66266362
3	轻烃裂解料	53392	14879283
4	轻石脑油	515342	38607069
5	其他	52672	0
6	合计	1189599	130001257

注：表中轻石脑油碳排放量计算时只计入14×10^4t原料带入量，其他外购轻石脑油忽略不计。

2）能源消耗排放

乙烯裂解装置能源消耗产生的CO_2排放量见表4–149。

表 4-149　乙烯裂解装置能源消耗产生的 CO_2 排放量

序号	能耗工质	消耗量	CO_2排放量/kgCO_2	占比/%
1	新鲜水	31446t	14078	0.002
2	除盐水	106011t	727701	0.10
3	除氧水	1719787t	47221196	6.39
4	循环水	189065887t	56427092	7.63
5	裂解凝汽机凝结水	1184440t	12902695	1.74
6	加热设备凝结水	414852t	4519189	0.61
7	电	44060156kW·h	45893058	6.21
8	高压蒸汽	744266t	203861223	27.57
9	低压蒸汽（0.3MPa）	143350t	28236842	3.82
10	低压蒸汽（1.0MPa）	764t	173293	0.02
11	低压蒸汽（1.5MPa）	–600263t	–136153767	–18.41
12	氮气	16892t	7562	0.00
13	净化风	4344t	493	0.00
14	非净化风	18100t	1513	0.00
15	燃料油	0	0	0.00
16	燃料气	170121t	450733005	60.94
17	制苯尾气	9427t	24976693	3.38
18	合计		739541866	100.00

3）乙烯裂解装置排放汇总

由以上过程可汇总得到乙烯裂解装置的CO_2排放量，见表4–150。

表 4-150 乙烯裂解装置 CO_2 排放量

序号	排放类型	排放量/kgCO_2	占比/%
1	原料带入排放	130001257	14.95
2	能源消耗排放	739541866	85.05
3	合计	869543123	100.00

（3）排放分配

乙烯裂解装置碳排放包括原料带入排放和能源消耗排放，对全装置进行质量分配，得到：

$$869543123\ kgCO_2 \div 1189599\ t = 731\ kgCO_2/t$$

12.聚丙烯装置

聚丙烯装置的主要原料为丙烯和乙烯，其中化工丙烯及乙烯主要由乙烯裂解装置生产，炼油厂丙烯主要由气体分馏装置产生。

（1）物料平衡

聚丙烯装置的物料平衡见表4-151。

表 4-151 聚丙烯装置物料平衡

进料	加工量/t	出料	产量/t
炼油厂丙烯	49874	聚丙烯	128461
乙烯	12502	损失	3478
化工丙烯	69563		
合计	131939	合计	131939

（2）排放清单

1）原料带入排放

聚丙烯装置的原料带入排放包括：丙烯原料（来自炼油厂和乙烯裂解装置两个部分）和乙烯原料（来自乙烯裂解装置），其排放清单见表4-152。

表 4-152　聚丙烯装置原料带入产生的 CO_2 排放量

序号	物料	原料量/t	CO_2排放量/$kgCO_2$
1	炼油厂丙烯	49874	20479744
2	乙烯	12502	9138337
3	化工丙烯	69563	50847459
4	合计		80465540

2）能源消耗排放

聚丙烯装置的能源消耗产生的CO_2排放量见表4-153。

表 4-153　聚丙烯装置能源消耗产生的 CO_2 排放量

序号	能耗工质	消耗量	CO_2排放量/$kgCO_2$	占比/%
1	新鲜水	26327t	11786	0.02
2	除盐水	4402t	30217	0.06
3	冷盐水	197528t	5423642	10.71
4	电	33937462kW·h	35349260	69.83
5	中压蒸汽	20924t	5495432	10.86
6	低压蒸汽	4967t	1126632	2.23
7	氮气	15957t	7144	0.01
8	净化风	5313t	603	0.00
9	循环水	10313705t	3078146	6.08
10	天然气	38t	101475	0.20
11	合计		50624337	100.00

3）聚丙烯装置排放汇总

由以上过程可汇总得到聚丙烯装置的CO_2排放量，见表4–154。

表 4-154　聚丙烯装置 CO_2 排放量

序号	排放类型	排放量/$kgCO_2$	占比/%
1	原料带入排放	80465540	61.38
2	能源消耗排放	50624337	38.62
3	合计	131089877	100.00

（3）排放分配

聚丙烯装置碳排放包括原料带入排放和能源消耗排放，对全装置进行质量分配，得到：

$$131089877\ kgCO_2/t \div 128461\ t = 1020\ kgCO_2/t$$

综上，得到聚丙烯产品的碳足迹值为1020 $kgCO_2/t$。

4.4.4.4　聚丙烯产品碳足迹分析

聚丙烯的生产原料为丙烯，生产过程包括炼油和化工两个阶段，炼油丙烯的碳排放强度为411 $kgCO_2/t$，化工丙烯的碳排放强度为731 $kgCO_2/t$，各环节的碳排放强度分别如图4–14、图4–15所示。聚丙烯产品的碳足迹如图4–16所示。

将聚丙烯生产过程各装置的碳排放强度汇总，如图4–17所示。

由图4–17可得，在炼油部分，气体分馏装置的碳排放强度最高，其原料带入碳排放主要来自催化裂化装置，催化裂化装置碳排放强度较大，工业生产过程排放带入的CO_2排放量占比较高。同时，催化裂化处于炼油丙烯生产流程后端，从常减压、延迟焦化、蜡油加氢等装置能耗带入的CO_2排放均已计入产品当中，并带入到气体分离装置中，这些产品均作为原料进入催化裂化装置及气体分离装置。在化工部分，聚丙烯装置的能源消耗排放高，其主要原料带入碳排放来自乙烯裂解装置，降低乙烯裂解装置的能源消耗排放对降低聚丙烯产品碳足迹有重要意义。

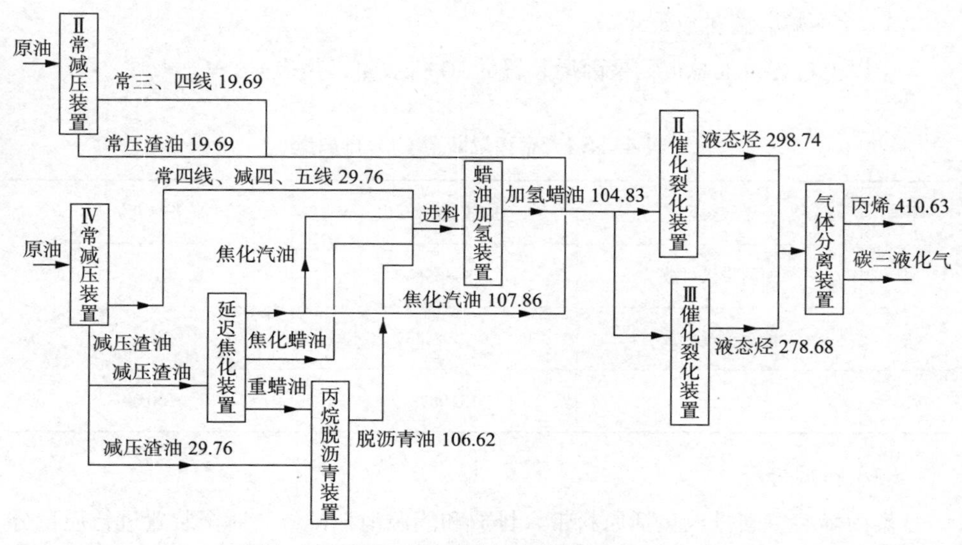

图 4-14　炼油丙烯碳排放强度（单位：$kgCO_2/t$）

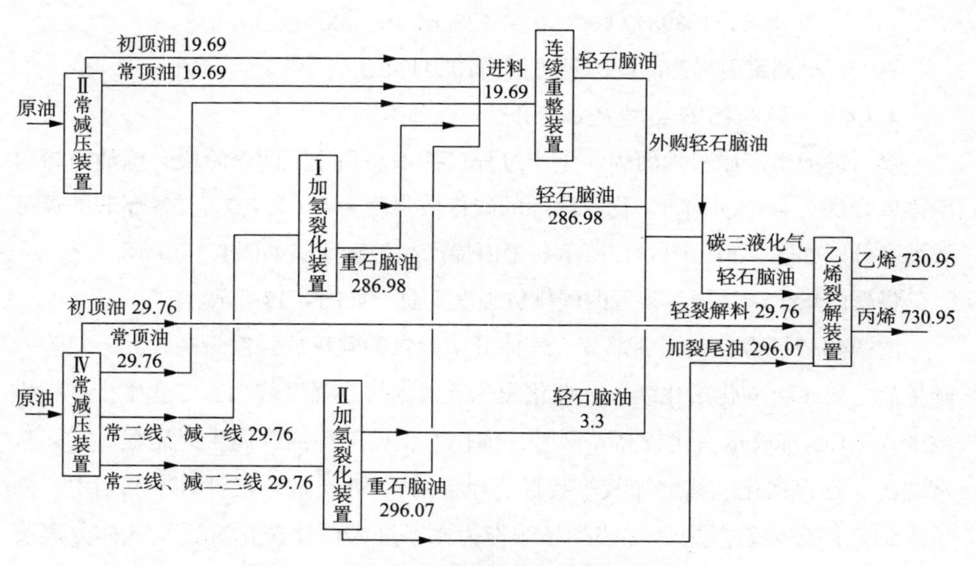

图 4-15　化工丙烯碳排放强度（单位：$kgCO_2/t$）

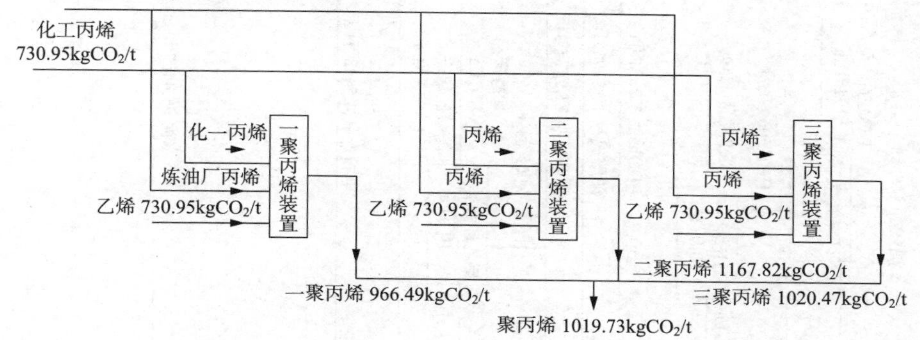

图 4-16　聚丙烯产品碳足迹图

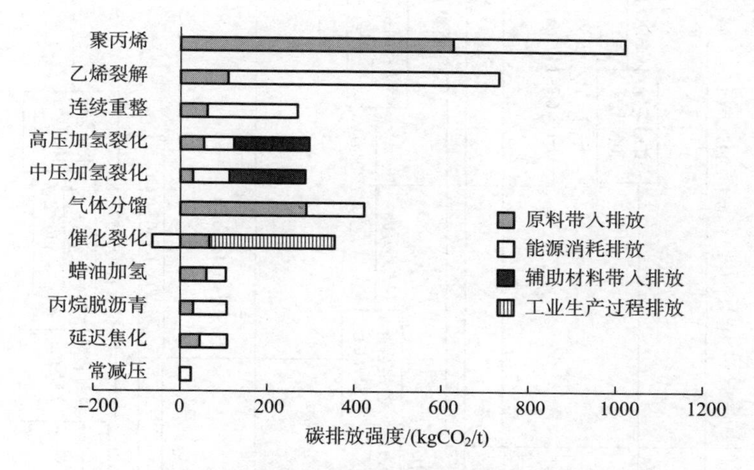

图 4-17　聚丙烯生产过程各装置碳排放强度图

4.4.5　煤化工产品碳足迹

4.4.5.1　评价对象和边界

以某煤化工企业全厂产品为评价对象，按照全生命周期评价方法，计算生产煤化工产品的单位产品温室气体排放量，以kgCO_2/t表示。采用B2B的碳足迹核算方法，系统边界范围包括从原煤开采到产品出厂的所有加工过程。全厂产品加工流程如图4–18所示。

4.4.5.2　产品碳足迹评价基础数据收集与处理

各装置能耗数据包括各装置的燃料气、水、电、风、蒸汽等耗能工质的消耗量，各装置能耗数据见表4–155。

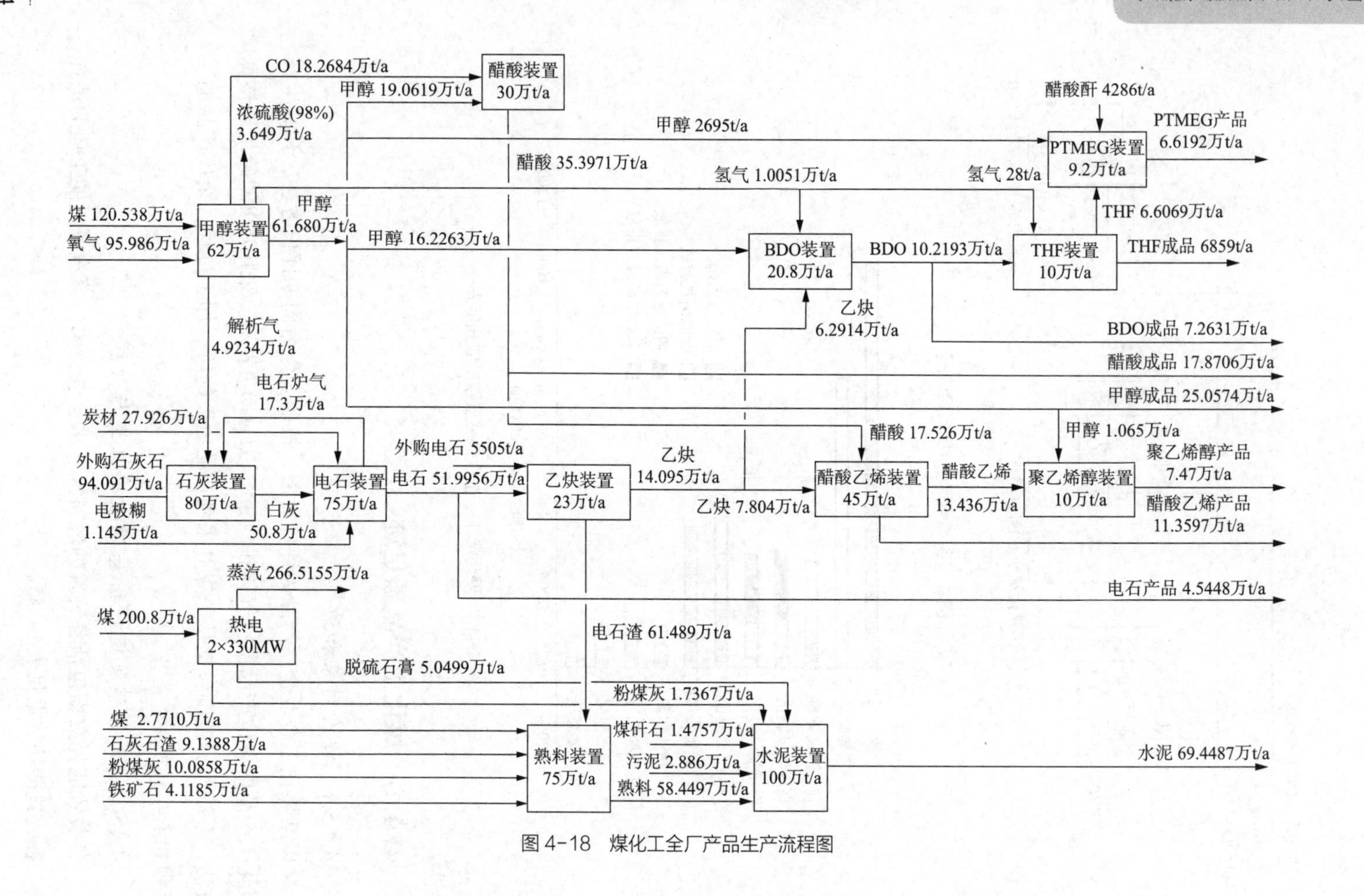

图 4-18 煤化工全厂产品生产流程图

表 4-155　各装置能耗数据

能耗工质	空分装置	甲醇装置	石灰窑装置	电石装置	乙炔装置	醋酸装置	醋酸乙烯装置	聚乙烯醇装置	BDO装置	THF装置	PTMEG装置	熟料装置	水泥装置
新鲜水/t		462530	0	0	250976	12106	217197	349645	4206	756	2144	54360.3	0
循环水/t	52595947	218040879	2519088	48905209	56546334	39039081	56047969	91626541	179947103	17187432	21812405		0
除盐水/t	694413	3405533	0	49140	39367	18001	218019	628067	298284	0	33628		0
电/kW·h	41532078.2	171302669	33360576	1830816954	30878333	15196807	26716866	26959216	113287281	4944196	28880011	39453571	27259708
9.8MPa蒸汽输入/t	2559623.4	3199521	0	0	0	0	0	0	0	0	0		0
3.8MPa蒸汽输入/t		0	0	0	0	0	0	0	0	0	23447		0
2.5MPa蒸汽输入/t		0	0	0	0	433101	85291	0	1244530	55154	89535		0
1.0MPa蒸汽输入/t		0	10973	16731	14348	4176	382299	1110984	0	0	0		0
2.5MPa蒸汽输出/t		−1912250	0	0	0	0	0	0	0	0	0		0
1.0MPa蒸汽输出/t		−177245	0	0	0	0	0	0	0	0	0		0
0.5MPa蒸汽输出/t		−3257	0	0	0	0	0	0	0	0	0		0
燃料气/m^3		1316811	3372	0	0	20831	0	0	361382	0	282222		0

续表

能耗工质	空分装置	甲醇装置	石灰窑装置	电石装置	乙炔装置	醋酸装置	醋酸乙烯装置	聚乙烯醇装置	BDO装置	THF装置	PTMEG装置	熟料装置	水泥装置
催化烧焦/t		0	0	0	0	0	0	0	0	0	0		0
净化风/m^3		0	50190222	37642665	37643027	2048026	617536	6663602	10497453	1260866	2064602	32471355.1	12565496.9
非净化风/m^3		0	0	0	0	1256333	0	0	0	2736837	2624835		0
氮气/m^3		0	6703253	56020553	66581519	2640016	10959148	7660094	33741331	3306439	5402800	9438	0
输出中压锅炉给水/t		−327634	0	0	0	0	0	0	0	0	0		0
输出冷凝液/t		−398883	0	0	0	−311876	−355987	−1019887	0	0	0		0
输出氮气/m^3		−241338178	0	0	0	0	0	0	0	0	0		0
输出非净化风/m^3		−70026040	0	0	0	0	0	0	0	0	0		0
输出净化风/m^3		−14649045	0	0	0	0	0	0	0	0	0		0

梳理全厂的物料平衡，可以得到各装置的原料消耗与产品产量数据，包括外购原料量、自产原料量、进入下游生产装置的中间产品产量（自用量）、成品量，13套装置的物料平衡见表4-156~表4-168。

表4-156 空分装置物料平衡

进料	加工量/Nm³	进料类型	出料	产量/Nm³	出料类型
空气	1319018625	原料	氮气（13.2MPa）	1264781	
			氮气（5.9MPa）	12225659	
			氮气（0.45MPa）	355298000	
			氧气	671228859	中间产品
			仪表空气	16875709	
			工厂空气	196174686	
			损失	65950931	
合计	1319018625		合计	1319018625	

表4-157 甲醇装置物料平衡

进料	加工量/t	进料类型	出料	产量/t	出料类型
原料煤	1205376	外购原料	甲醇	250574	成品
氧气	959858	外购原料	甲醇	366230	中间产品
			CO	182684	中间产品
			H_2	10079	中间产品
			杂醇油	6311	成品
			浓硫酸	36488	成品
			解析气	44595	中间产品
			CO_2	1080523	
			渣	140668	
			损失	47083	
合计	2165235		合计	2165235	

表 4-158　石灰窑装置物料平衡

进料	加工量/t	进料类型	出料	产量/t	出料类型
石灰石	940912	外购原料	白灰	507678	中间产品
电石炉煤气	173000	自产原料	白灰粉末	76507	成品
解析气	49234	自产原料	白灰粉末	321	中间产品
			石灰除尘灰	505	成品
			石灰石渣	91634	成品
			半成品石灰	18356	成品
			CO_2	468145	
合计	1163146		合计	1163146	

表 4-159　电石装置物料平衡

进料	加工量/t	进料类型	出料	产量/t	出料类型
白灰	507678	自产原料	电石	45448	成品
白灰粉末	321	自产原料	电石	519956	中间产品
炭材	279259	外购原料	电石炉煤气	173000	中间产品
电极糊	11447	外购原料	损失	60301	
合计	798705		合计	798705	

表 4-160　乙炔装置物料平衡

进料	加工量/t	进料类型	出料	产量/t	出料类型
电石	519956	自产原料	乙炔气	140955	中间产品
电石	5505	外购原料	电石渣	614894	中间产品
生产水	250976		损失	20589	
合计	776437		合计	776437	

表 4-161　醋酸装置物料平衡

进料	加工量/t	进料类型	出料	产量/t	出料类型
CO	182684	自产原料	解析气	4639	中间产品
甲醇	190619	自产原料	醋酸	178706	成品
			醋酸	175265	中间产品
			丙酸	1524	成品
			损失	13169	
合计	373303		合计	373303	

表 4-162　醋酸乙烯装置物料平衡

进料	加工量/t	进料类型	出料	产量/t	出料类型
醋酸	175265	自产原料	醋酸乙烯	113597	成品
乙炔	78040	自产原料	醋酸乙烯	134358	中间产品
			乙醛	2174	成品
			焦油	248	成品
			低浓度醋酸乙烯	641	成品
			损失	2287	
合计	253305		合计	253305	

表 4-163　聚乙烯醇装置物料平衡

进料	加工量/t	进料类型	出料	产量/t	出料类型
醋酸乙烯	134358	自产原料	聚乙烯醇	74698	成品
甲醇	10652	自产原料	醋酸甲酯	7923	成品
生产水	21976		副产醋酸	81018	成品
			聚乙烯醇渣料	261	成品
			聚合四塔馏出液	291	成品
			损失	2796	
合计	166987		合计	166987	

表 4-164 BDO 装置物料平衡

进料	加工量/t	进料类型	出料	产量/t	出料类型
甲醇	162263	自产原料	BDO	72631	成品
乙炔	62914	自产原料	BDO	102193	中间产品
氢气	10051	自产原料	丁醇	22316	成品
			焦油	15833	成品
			甲醇溶液	3389	成品
			损失	18866	
合计	235228		合计	235228	

表 4-165 THF 装置物料平衡

进料	加工量/t	进料类型	出料	产量/t	出料类型
BDO	102193	自产原料	THF	6859	成品
氢气	28	自产原料	THF	69094	中间产品
			焦油	2488	成品
			水	20700	
			损失	3080	
合计	102221		合计	102221	

表 4-166 PTMEG 装置物料平衡

进料	加工量/t	进料类型	出料	产量/t	出料类型
THF	69094	自产原料	PTMEG	66192	成品
甲醇	2695	自产原料	低分子PTMEG	2083	成品
醋酸酐	4286	外购原料	醋酸甲酯副品	7330	成品
			聚四亚甲基醚二酯	60	成品
			损失	410	
合计	76075		合计	76075	

表 4-167　熟料装置物料平衡

进料	加工量/t	进料类型	出料	产量/t	出料类型
煤灰	27710	外购原料	熟料	584497	中间产品
电石渣	614894	自产原料	水分	254436	
粉煤灰	100858	自产原料	CO_2	33814	
铁矿石	41185	外购原料	烧失量损失	3288	
石灰石渣	91388	自产原料			
合计	876035		合计	876035	

表 4-168　水泥装置物料平衡

进料	加工量/t	进料类型	出料	产量/t	出料类型
熟料	584497	自产原料	水泥	694487	成品
脱硫石膏	50499	自产原料	损失	1705	
粉煤灰	17367	自产原料			
煤矸石	14757	外购原料			
污泥	28826	外购原料			
石灰石渣	246	自产原料			
合计	696192		合计	696192	

外购原料的排放因子来源包括国际主流生命周期评价软件配套数据库（GaBi）和中国自主知识产权的通用LCA软件配套数据库（eBalance），见表4-169。

表 4-169　外购原料生产碳排放因子　　$kgCO_2/kg$

名称	数值	来源	备注
煤	0.106	GaBi数据库	
石灰石	0.00018	eBalance数据库	
炭材	0.0505	eBalance数据库	
电极糊	0.1	eBalance数据库	

续表

名称	数值	来源	备注
醋酸酐	0.064	eBalance数据库	
铁矿石	0.00148	eBalance数据库	赤铁矿
煤矸石	0.0227	eBalance数据库	
污泥	0.0257	eBalance数据库	
脱硫石膏	0.000502	eBalance数据库	石膏

4.4.5.3 煤化工产品碳足迹评价

在煤化工产品的生产过程中，产生的碳排放主要包括原料带入排放、能源消耗排放和工业生产过程排放。其中，原料带入排放包括自产原料带入排放和外购原料带入排放。涉及工业生产过程排放的装置主要包括甲醇、石灰窑、电石、醋酸和熟料装置等。

1.甲醇产品

甲醇产品以煤和氧气为原料，经甲醇装置加工而成。

（1）排放清单

甲醇产品以煤和氧气为原料，经甲醇装置加工而成，氧气由空分装置分离净化制备得到。甲醇产品加工过程中，碳排放包括原料带入排放、能源消耗排放和工业生产过程排放，排放情况如下所示。

1）空分装置能源消耗排放

在空分装置运行过程中，能源消耗排放主要集中在电、蒸汽、循环水等工质的碳排放，装置能源消耗排放计算见表4-170。

表4-170 空分装置能源消耗排放

序号	能耗工质	消耗量	碳排放量/kgCO_2
1	新鲜水		
2	循环水	52595947t	15778784
3	除盐水	694413t	4763674
4	电	41532078.2kW·h	37054920
5	9.8MPa蒸汽输入	2559623.4t	702821393

续表

序号	能耗工质	消耗量	碳排放量/$kgCO_2$
6	3.8MPa蒸汽输入		
7	2.5MPa蒸汽输入		
8	1.0MPa蒸汽输入		
9	2.5MPa蒸汽输出		
10	1.0MPa蒸汽输出		
11	0.5MPa蒸汽输出		
12	燃料气		
13	催化烧焦		
14	净化风		
15	非净化风		
16	氮气		
17	输出中压锅炉给水		
18	输出冷凝液		
19	合计		760418771

空分装置碳排放强度为：

$$760418771\ kgCO_2 \div 958898\ t = 793\ kgCO_2/t$$

2）甲醇装置原料带入排放

甲醇装置自产原料主要为来自空分装置的氧气，自产原料带入排放为761179951 $kgCO_2$。

甲醇装置外购原材料带入排放为127769886 $kgCO_2$。

3）甲醇装置能源消耗排放

在甲醇生产过程中，能源消耗排放主要包括燃料气、电、循环水等工质消耗产生的碳排放，装置能源消耗排放计算见表4-171。

表4-171　甲醇装置能源消耗排放

序号	能耗工质	消耗量	碳排放量/$kgCO_2$
1	新鲜水	462530t	208139
2	循环水	218040879t	65412265

续表

序号	能耗工质	消耗量	碳排放量/$kgCO_2$
3	除盐水	3405533t	23361956
4	电	171302669kW·h	152836241
5	9.8MPa蒸汽输入	3199521t	878524476
6	3.8MPa蒸汽输入	0	0
7	2.5MPa蒸汽输入	0	0
8	1.0MPa蒸汽输入	0	0
9	2.5MPa蒸汽输出	−1912250t	−485099588
10	1.0MPa蒸汽输出	−177245t	−40202711
11	0.5MPa蒸汽输出	−3257t	−641564
12	燃料气	1316811m^3	2444001
13	催化烧焦	0	0
14	净化风	0	0
15	非净化风	0	0
16	氮气	0	0
17	输出中压锅炉给水	−327634t	−2247569
18	输出冷凝液	−398883t	−4343836
19	输出氮气	−241338178m^3	−108602180
20	输出非净化风	−70026040m^3	−5602083
21	输出净化风	−14649045m^3	−1611395
22	合计		474436152

4）工业生产过程排放

甲醇装置的工业生产过程排放主要来自低温甲醇洗CO_2尾气，工业生产过程排放量为1080523030 $kgCO_2$。

（2）排放分配

由以上过程可汇总得到甲醇装置的CO_2排放量，见表4−172。

表 4-172 甲醇装置 CO_2 排放量

序号	排放类型	碳排放量/$kgCO_2$	占比/%
1	外购原料带入排放	127769886	5.23
2	自产原料带入排放	761179951	31.15
3	能源消耗排放	474436152	19.41
4	工业生产过程排放	1080523030	44.21
5	合计	2443909019	100.00

甲醇装置碳排放包括外购原料带入排放、能源消耗排放和工业生产过程排放，对全装置进行质量分配，得到：

$$2443909019\ kgCO_2 \div 896961\ t = 2725\ kgCO_2/t$$

综上，甲醇产品碳足迹值为2725 $kgCO_2/t$。

2.醋酸产品

醋酸产品以甲醇和CO为原料，经气体分布器进入反应液中分散、吸收、溶解，在催化剂的作用下反应生成醋酸。

（1）排放清单

在醋酸产品生产过程中，碳排放包括原料带入排放、能源消耗排放和工业生产过程排放，排放情况如下所示。

1）原料带入排放

醋酸装置的自产原料主要为来自甲醇装置的甲醇和CO，自产原料带入排放见表4-173。

表 4-173 醋酸装置自产原料带入排放量

序号	原料名称	原料来源	投入量/t	自产原料排放量/$kgCO_2$
1	CO	甲醇装置	182684	497750822
2	甲醇	甲醇装置	190619	519370769
3	合计			1017121591

2）能源消耗排放

在醋酸生产过程中，能源消耗排放主要包括蒸汽、电、循环水、氮气等工质消耗产生的碳排放，装置能源消耗排放计算见表4-174。

表 4-174　醋酸装置能源消耗排放

序号	能耗工质	消耗量	碳排放量/$kgCO_2$
1	新鲜水	12106t	5448
2	循环水	39039081t	11711724
3	除盐水	18001t	123487
4	电	15196807kW·h	13558591
5	9.8MPa蒸汽输入	0	0
6	3.8MPa蒸汽输入	0	0
7	2.5MPa蒸汽输入	433101t	109869063
8	1.0MPa蒸汽输入	4176t	947200
9	2.5MPa蒸汽输出	0	0
10	1.0MPa蒸汽输出	0	0
11	0.5MPa蒸汽输出	0	0
12	燃料气	20831m^3	38662
13	催化烧焦	0	0
14	净化风	2048026m^3	225283
15	非净化风	1256333m^3	100507
16	氮气	2640016m^3	1188007
17	输出中压锅炉给水	0	0
18	输出冷凝液	-311876t	-3396330
19	合计		134371642

3）工业生产过程排放

醋酸装置工业生产过程排放量为27516000 $kgCO_2$。

（2）排放分配

由以上过程可汇总得到醋酸装置的CO_2排放量，见表4-175。

表 4-175　醋酸装置 CO_2 排放量汇总

序号	排放类型	碳排放量/kgCO_2	占比/%
1	外购原料带入排放	0	0.00
2	自产原料带入排放	1017121591	86.27
3	能源消耗排放	134371642	11.40
4	工业生产过程排放	27516000	2.33
5	合计排放量	1179009233	100.00

醋酸装置碳排放包括自产原料带入排放、能源消耗排放和工业生产过程排放，对全装置进行质量分配，得到：

$$1179009233\ kgCO_2 \div 360134\ t = 3274\ kgCO_2/t$$

综上，醋酸产品的碳足迹值为3274 kgCO_2/t。

3.电石产品

电石产品以炭材、电极糊和白灰为原料，经电石装置加工而成。白灰以石灰石、电石炉煤气等为原料，经石灰窑装置加工而成。

（1）排放清单

在电石产品加工过程中，碳排放包括原料带入排放、能源消耗排放和工业生产过程排放，排放情况如下所示。

1）石灰窑装置原料带入排放

石灰窑装置的自产原料主要为来自电石装置的电石炉煤气和来自甲醇装置的解析气，由于电石炉煤气是由后续电石装置产生的，因此可假设其原料碳足迹初值进行计算；待后续装置的碳足迹计算完成以后，重新代入计算值进行修正，表4-176列出了迭代之后的最终结果。

表 4-176　石灰窑装置自产原料带入排放量

序号	原料名称	原料来源	投入量/t	自产原料排放量/kgCO_2
1	电石炉煤气	电石装置	173000	1245250935
2	解析气	甲醇装置	49234	134145650
3	合计			1379396585

石灰窑装置的外购原料带入排放为169364 $kgCO_2$。

2）石灰窑装置能源消耗排放

石灰窑装置能源消耗排放主要集中于蒸汽、电、循环水等工质消耗产生的碳排放，装置能源消耗排放计算见表4-177。

表4-177　石灰窑装置能源消耗排放

序号	能耗工质	消耗量	碳排放量/$kgCO_2$
1	新鲜水	0	0
2	循环水	2519088t	755726
3	除盐水	0	0
4	电	33360576kW·h	29764307
5	9.8MPa蒸汽输入	0	0
6	3.8MPa蒸汽输入	0	0
7	2.5MPa蒸汽输入	0	0
8	1.0MPa蒸汽输入	10973t	2488896
9	2.5MPa蒸汽输出	0	0
10	1.0MPa蒸汽输出	0	0
11	0.5MPa蒸汽输出	0	0
12	燃料气	3372m^3	6258
13	催化烧焦	0	0
14	净化风	50190222m^3	5520924
15	非净化风	0	0
16	氮气	6703253m^3	3016464
17	输出中压锅炉给水	0	0
18	输出冷凝液	0	0
19	合计		41552575

石灰窑装置的CO_2排放量见表4-178。

表4-178　石灰窑装置CO_2排放量

序号	排放类型	碳排放量/kgCO_2	占比/%
1	外购原料带入排放	169364	0.01
2	自产原料带入排放	1379399650	73.01
3	能源消耗排放	41552575	2.20
4	工业生产过程排放	468145000	24.78
5	合计	1889266589	100.00

石灰窑装置碳排放包括外购原料带入排放、自产原料带入排放、能源消耗排放和工业生产过程排放，对全装置进行质量分配，得到：

$$1889266589\ kgCO_2 \div 695001\ t = 2718\ kgCO_2/t$$

3）电石装置原料带入排放

电石装置的自产原料主要为来自石灰窑装置的白灰和白灰粉末，自产原料带入排放见表4-179。

表4-179　电石装置自产原料带入排放汇总

序号	原料名称	原料来源	投入量/t	自产原料排放量/kgCO_2
1	白灰	石灰窑装置	507678	1380054250
2	白灰粉末	石灰窑装置	321	872595
3	合计			1380926845

电石装置的外购原料带入排放为15247292 kgCO_2。

4）电石装置能源消耗排放

电石装置能源消耗排放主要包括蒸汽、电、循环水、氮气等工质消耗产生的碳排放，装置能源消耗排放计算见表4-180。

表 4-180　电石装置能源消耗排放

序号	能耗工质	消耗量	碳排放量/$kgCO_2$
1	新鲜水	0	0
2	循环水	48905209t	14671563
3	除盐水	49140t	337100
4	电	1830816954kW·h	1633454887
5	9.8MPa蒸汽输入	0	0
6	3.8MPa蒸汽输入	0	0
7	2.5MPa蒸汽输入	0	0
8	1.0MPa蒸汽输入	16731t	3794925
9	2.5MPa蒸汽输出	0	0
10	1.0MPa蒸汽输出	0	0
11	0.5MPa蒸汽输出	0	0
12	燃料气	0	0
13	催化烧焦	0	0
14	净化风	37642665m^3	4140693
15	非净化风	0	0
16	氮气	56020553m^3	25209249
17	输出中压锅炉给水	0	0
18	输出冷凝液	0	0
19	合计		1681608417

5）工业生产过程排放

电石装置工业生产过程排放来自电石炉尾气，工业生产过程排放量为991985420 $kgCO_2$。

（2）排放分配

由3）~5）过程可汇总得到电石装置的CO_2排放量，见表4-181。

表 4-181　电石装置 CO_2 排放量汇总

序号	排放类型	碳排放量/$kgCO_2$	占比/%
1	外购原料带入排放	15247292	0.37
2	自产原料带入排放	1380926845	33.93
3	能源消耗排放	1681608417	41.33
4	工业生产过程排放	991985420	24.37
5	合计排放量	4069767974	100.00

电石装置碳排放包括外购原料带入排放、自产原料带入排放、能源消耗排放和工业生产过程排放，对全装置进行质量分配，得到：

$$4069767974\ kgCO_2 \div 565404\ t = 7198\ kgCO_2/t$$

综上，电石产品的碳足迹值为7198 $kgCO_2/t$。

4.BDO（1，4-丁二醇）产品

BDO产品以甲醇、乙炔和氢气为原料，经BDO装置加工而成；其中，甲醇由甲醇装置加工而成，乙炔由乙炔装置加工而成。

（1）排放清单

在BDO产品加工过程中，碳排放包括原料带入排放和能源消耗排放，乙炔装置和BDO装置的碳排放情况如下所示。

1）乙炔装置原料带入排放

乙炔装置的自产原料主要为来自电石装置的电石，自产原料带入排放为3742636378 $kgCO_2$。

乙炔装置的外购原料带入排放为39623885 $kgCO_2$。

2）乙炔装置能源消耗排放

乙炔装置能源消耗排放主要包括蒸汽、电、循环水、氮气等工质消耗产生的碳排放，装置能源消耗排放计算见表4-182。

表 4-182　乙炔装置能源消耗排放

序号	能耗工质	消耗量	碳排放量/$kgCO_2$
1	新鲜水	250976t	112939
2	循环水	56546334t	16963900

续表

序号	能耗工质	消耗量	碳排放量/$kgCO_2$
3	除盐水	39367t	270058
4	电	30878333kW·h	27549649
5	9.8MPa蒸汽输入	0	0
6	3.8MPa蒸汽输入	0	0
7	2.5MPa蒸汽输入	0	0
8	1.0MPa蒸汽输入	14348t	3254413
9	2.5MPa蒸汽输出	0	0
10	1.0MPa蒸汽输出	0	0
11	0.5MPa蒸汽输出	0	0
12	燃料气	0	0
13	催化烧焦	0	0
14	净化风	37643027m^3	4140733
15	非净化风	0	0
16	氮气	66581519m^3	29961684
17	输出中压锅炉给水	0	0
18	输出冷凝液	0	0
19	合计		82253376

由以上过程可汇总得到乙炔装置的CO_2排放量，见表4-183。

表4-183　乙炔装置CO_2排放量

序号	排放类型	碳排放量/$kgCO_2$	占比/%
1	外购原料带入排放	39623885	1.03
2	自产原料带入排放	3742636378	96.84
3	能源消耗排放	82253376	2.13
4	工业生产过程排放	0	0.00
5	合计	3864513639	100.00

乙炔装置碳排放包括外购原料带入排放、自产原料带入排放和能源消耗排放，对全装置进行质量分配，得到：

$$3864513639\ kgCO_2 \div 755848\ t = 5113\ kgCO_2/t$$

3）BDO装置原料带入排放

BDO装置的自产原料主要为来自甲醇装置的甲醇、氢气和来自乙炔装置的乙炔，自产原料带入排放见表4-184。

表4-184　BDO装置自产原料带入排放

序号	原料名称	原料来源	投入量/t	自产原料排放量/$kgCO_2$
1	甲醇	甲醇装置	162263	442111669
2	乙炔	乙炔装置	62914	321667591
3	氢气	甲醇装置	10051	27385505
4	合计			791164765

4）BDO装置能源消耗排放

BDO装置能源消耗排放主要包括蒸汽、电、循环水、氮气、燃料气等工质消耗产生的碳排放，装置能源消耗排放计算见表4-185。

表4-185　BDO装置能源消耗排放

序号	能耗工质	消耗量	碳排放量/$kgCO_2$
1	新鲜水	4206t	1893
2	循环水	179947103t	53984131
3	除盐水	298284t	2046228
4	电	113287281kW·h	101074912
5	9.8MPa蒸汽输入	0	0
6	3.8MPa蒸汽输入	0	0
7	2.5MPa蒸汽输入	1244530t	315712370
8	1.0MPa蒸汽输入	0	0
9	2.5MPa蒸汽输出	0	0
10	1.0MPa蒸汽输出	0	0

续表

序号	能耗工质	消耗量	碳排放量/$kgCO_2$
11	0.5MPa蒸汽输出	0	0
12	燃料气	361382m^3	670725
13	催化烧焦	0	0
14	净化风	10497453m^3	1154720
15	非净化风	0	0
16	氮气	33741331m^3	15183599
17	输出中压锅炉给水	0	0
18	冷凝液	0	0
19	合计		489828578

（2）排放分配

由以上过程可汇总得到BDO装置的CO_2排放量，见表4–186。

表 4-186　BDO 装置 CO_2 排放量

序号	排放类型	碳排放量/$kgCO_2$	占比/%
1	外购原料带入排放	0	0.00
2	自产原料带入排放	791164765	61.76
3	能源消耗排放	489828578	38.24
4	工业生产过程排放	0	0.00
5	合计	1280993343	100.00

BDO装置碳排放包括自产原料带入排放和能源消耗排放，对全装置进行质量分配，得到：

$$1280993343\ kgCO_2 \div 216362\ t = 5921\ kgCO_2/t$$

BDO产品的碳足迹值为5921 $kgCO_2/t$。

5.四氢呋喃（THF）产品

THF产品以BDO和氢气为原料，经THF装置加工而成。

（1）排放清单

在THF产品加工过程中，碳排放包括原料带入排放和能源消耗排放，排放情况如下所示。

1）原料带入排放

THF装置的自产原料主要为来自甲醇装置的氢气和来自BDO装置的BDO，自产原料带入排放见表4-187。

表 4-187 THF 装置自产原料带入排放

序号	原料名称	原料来源	投入量/t	自产原料排放量/kgCO_2
1	BDO	BDO装置	102193	605043928
2	氢气	甲醇装置	28	75800
3	合计			605119728

2）能源消耗排放

THF装置能源消耗排放主要包括蒸汽、循环水、电、氮气等工质消耗产生的碳排放，装置能源消耗排放计算见表4-188。

表 4-188 THF 装置能源消耗排放

序号	能耗工质	消耗量	碳排放量/kgCO_2
1	新鲜水	756t	340
2	循环水	17187432t	5156230
3	除盐水	0	0.00
4	电	4944196kW·h	4411212
5	9.8MPa蒸汽输入	0	0.00
6	3.8MPa蒸汽输入	0	0.00
7	2.5MPa蒸汽输入	55153.66t	13991380
8	1.0MPa蒸汽输入	0	0.00
9	2.5MPa蒸汽输出	0	0.00
10	1.0MPa蒸汽输出	0	0.00

续表

序号	能耗工质	消耗量	碳排放量/$kgCO_2$
11	0.5MPa蒸汽输出	0	0.00
12	燃料气	0	0.00
13	催化烧焦	0	0.00
14	净化风	1260866m^3	138695
15	非净化风	2736837m^3	218947
16	氮气	3306439m^3	1487898
17	输出中压锅炉给水	0	0
18	冷凝液	0	0
19	合计		25404702

（2）排放分配

由以上过程可汇总得到THF装置的CO_2排放量，见表4-189。

表 4-189　THF 装置 CO_2 排放量

序号	排放类型	碳排放量/$kgCO_2$	占比/%
1	外购原料带入排放	0	0
2	自产原料带入排放	605119728	95.97
3	能源消耗排放	25404702	4.03
4	工业生产过程排放	0	0
5	合计	630524430	100.00

THF装置碳排放包括自产原料带入排放和能源消耗排放，对全装置进行质量分配，得到：

$$630524430\ kgCO_2 \div 78441\ t = 8038\ kgCO_2/t$$

THF产品的碳足迹值为8038 $kgCO_2/t$。

6.聚四氢呋喃（PTMEG）产品

PTMEG产品以THF、甲醇和醋酸酐为原料，经PTMEG装置加工而成。

（1）排放清单

在PTMEG产品加工过程中，碳排放包括原料带入排放和能源消耗排放，排放情况如下所示。

1）原料带入排放

PTMEG装置的自产原料主要为来自THF装置的THF和来自甲醇装置的甲醇，自产原料带入排放见表4-190。

表 4-190 PTMEG 装置自产原料带入排放

序号	原料名称	原料来源	投入量/t	自产原料排放量/kgCO_2
1	THF	THF装置	69094	555388964
2	甲醇	甲醇装置	2695	7343299
3	合计			562732263

PTMEG装置的外购原料带入排放为274316 kgCO_2。

2）能源消耗排放

PTMEG装置能源消耗排放主要包括蒸汽、电、燃料气等工质消耗产生的碳排放，装置能源消耗排放计算见表4-191。

表 4-191 PTMEG 装置能源消耗排放

序号	能耗工质	消耗量	碳排放量/kgCO_2
1	新鲜水	2144t	965
2	循环水	21812405t	6543722
3	除盐水	33628t	230688
4	电	28880011kW·h	25766746
5	9.8MPa蒸汽输入	0	0
6	3.8MPa蒸汽输入	23447t	6158120
7	2.5MPa蒸汽输入	89535t	22713238
8	1.0MPa蒸汽输入	0	0
9	2.5MPa蒸汽输出	0	0
10	1.0MPa蒸汽输出	0	0
11	0.5MPa蒸汽输出	0	0

续表

序号	能耗工质	消耗量	碳排放量/$kgCO_2$
12	燃料气	282222m^3	523804
13	催化烧焦	0	0
14	净化风	2064602m^3	227106
15	非净化风	2624835m^3	209987
16	氮气	5402800m^3	2431260
17	输出中压锅炉给水	0	0
18	输出冷凝液	0	0
19	合计		64805636

（2）排放分配

由以上过程可汇总得到PTMEG装置的CO_2排放量，见表4-192。

表4-192 PTMEG装置CO_2排放量

序号	排放类型	碳排放量/$kgCO_2$	占比/%
1	外购原料带入排放	274316	0.04
2	自产原料带入排放	562732263	89.64
3	能源消耗排放	64805636	10.32
4	工业生产过程排放	0	0
5	合计	627812215	100.00

PTMEG装置碳排放包括外购原料带入排放、自产原料带入排放和能源消耗排放，对全装置进行质量分配，得到：

$$627812215\ kgCO_2 \div 75665\ t = 8297\ kgCO_2/t$$

PTMEG产品的碳足迹值为8297 $kgCO_2/t$。

7.醋酸乙烯产品

醋酸乙烯产品以醋酸和乙炔为原料，经醋酸乙烯装置加工而成，包括合成、排气回收、精馏等工序。

（1）排放清单

在醋酸乙烯产品加工过程中，碳排放包括原料带入排放和能源消耗排放，排放情况如下所示。

1）原料带入排放

醋酸乙烯装置的自产原料主要为来自醋酸装置的醋酸和来自乙炔装置的乙炔，自产原料带入排放见表4-193。

表 4-193　醋酸乙烯装置自产原料带入排放

序号	原料名称	原料来源	投入量/t	自产原料排放量/kgCO_2
1	醋酸	醋酸装置	175265	573784086
2	乙炔	乙炔装置	78040	399004018
3	合计			972788104

2）能源消耗排放

醋酸乙烯装置能源消耗排放主要包括电、蒸汽、循环水和除盐水等工质消耗产生的碳排放，装置能源消耗排放计算见表4-194。

表 4-194　醋酸乙烯装置能源消耗排放

序号	能耗工质	消耗量	碳排放量/kgCO_2
1	新鲜水	217197t	97739
2	循环水	56047969t	16814391
3	除盐水	218019t	1495610
4	电	26716866kW·h	23836788
5	9.8MPa蒸汽输入	0	0
6	3.8MPa蒸汽输入	0	0
7	2.5MPa蒸汽输入	85291t	21636580
8	1.0MPa蒸汽输入	382299t	86713058
9	2.5MPa蒸汽输出	0	0
10	1.0MPa蒸汽输出	0	0
11	0.5MPa蒸汽输出	0	0
12	燃料气	0	0
13	催化烧焦	0	0

续表

序号	能耗工质	消耗量	碳排放量/$kgCO_2$
14	净化风	617536m^3	67929
15	非净化风	0	0
16	氮气	10959148m^3	4931617
17	输出中压锅炉给水	0	0
18	输出冷凝液	–355987t	–3876698
19	合计		151717014

（2）排放分配

由以上过程可汇总得到醋酸乙烯装置的CO_2排放量，见表4–195。

表 4–195　醋酸乙烯装置 CO_2 排放量

序号	排放类型	碳排放量/$kgCO_2$	占比/%
1	外购原料带入排放	0	0.00
2	自产原料带入排放	972788104	86.51
3	能源消耗排放	151717014	13.49
4	工业生产过程排放	0	0.00
5	合计	1124505118	100.00

醋酸乙烯装置碳排放包括自产原料带入排放和能源消耗排放，对全装置进行质量分配，得到：

$$1124505118\ kgCO_2 \div 251018\ t = 4480\ kgCO_2/t$$

综上，醋酸乙烯产品的碳足迹值为4480 $kgCO_2/t$。

8.聚乙烯醇产品

聚乙烯醇产品以醋酸乙烯和甲醇为原料，经聚乙烯醇装置加工而成，包括聚合、精馏等过程。

（1）排放清单

在聚乙烯醇产品加工过程中，碳排放包括原料带入排放和能源消耗排放，排放情况如下所示。

1）原料带入排放

聚乙烯醇装置的自产原料主要为来自醋酸乙烯装置的醋酸乙烯和来自甲醇装置的甲醇，自产原料带入排放见表4-196。

表4-196　聚乙烯醇装置自产原料带入排放

序号	原料名称	原料来源	投入量/t	自产原料排放量/kgCO_2
1	醋酸乙烯	醋酸乙烯装置	134358	601895663
2	甲醇	甲醇装置	10652	29023567
3	合计			630919230

2）能源消耗排放

聚乙烯醇装置能源消耗排放主要包括蒸汽、循环水、电等工质消耗产生的碳排放，装置能源消耗排放计算见表4-197。

表4-197　聚乙烯醇装置能源消耗排放

序号	能耗工质	消耗量	碳排放量/kgCO_2
1	新鲜水	349645t	157340
2	循环水	91626541t	27487962
3	除盐水	628067t	4308540
4	电	26959216kW·h	24053013
5	9.8MPa蒸汽输入	0	0.00
6	3.8MPa蒸汽输入	0	0.00
7	2.5MPa蒸汽输入	0	0.00
8	1.0MPa蒸汽输入	1110984t	251993391
9	2.5MPa蒸汽输出	0	0.00
10	1.0MPa蒸汽输出	0	0.00
11	0.5MPa蒸汽输出	0	0.00
12	燃料气	0	0.00
13	催化烧焦	0	0.00
14	净化风	6663602m^3	732996

续表

序号	能耗工质	消耗量	碳排放量/$kgCO_2$
15	非净化风	0	0.00
16	氮气	7660094m^3	3447042
17	输出中压锅炉给水	0	0
18	输出冷凝液	−1019887t	−11106569
19	合计		301073715

（2）排放分配

由以上过程可汇总得到聚乙烯醇装置的CO_2排放量，见表4−198。

表4−198　聚乙烯醇装置CO_2排放量

序号	排放类型	碳排放量/$kgCO_2$	占比/%
1	外购原料带入排放	0	0.00
2	自产原料带入排放	630919230	67.70
3	能源消耗排放	301073715	32.30
4	工业生产过程排放	0	0.00
5	合计	931992945	100.00

聚乙烯醇装置碳排放包括自产原料带入排放和能源消耗排放，对全装置进行质量分配，得到：

$$931992945\ kgCO_2 \div 164191\ t = 5676\ kgCO_2/t$$

综上，聚乙烯醇产品碳足迹值为5676 $kgCO_2/t$。

9.水泥产品

水泥产品以煤矸石、粉煤灰、脱硫石膏、熟料、污泥等为原料，经水泥装置加工而成；熟料以电石渣、煤、石灰石渣、粉煤灰和铁矿石等为原料，经熟料装置加工而成。

（1）排放清单

在水泥产品加工过程中，碳排放包括原料带入排放、能源消耗排放和工业生产过程排放，排放情况如下所示。

1）熟料装置原料带入排放

熟料装置的自产原料主要为来自乙炔装置的电石渣，以及来自石灰窑装置的石灰石渣，自产原料带入排放见表4-199。

表4-199 熟料装置自产原料带入排放

序号	原料名称	原料来源	投入量/t	自产原料排放量/$kgCO_2$
1	电石渣	乙炔装置	614894	3143838758
2	石灰石渣	石灰窑	91388	248425966
3	合计			3392264724

熟料装置外购原料带入排放为13689162 $kgCO_2$。

2）熟料装置能源消耗排放

熟料装置能源消耗排放主要集中于电、新鲜水、净化风等工质消耗产生的碳排放，装置能源消耗排放见表4-200。

表4-200 熟料装置能源消耗排放

序号	能耗工质	消耗量	碳排放量/$kgCO_2$
1	新鲜水	54360.3t	24462
2	循环水	0	0.00
3	除盐水	0	0.00
4	电	39453571kW·h	35200476
5	9.8MPa蒸汽输入	0	0.00
6	3.8MPa蒸汽输入	0	0.00
7	2.5MPa蒸汽输入	0	0.00
8	1.0MPa蒸汽输入	0	0.00
9	2.5MPa蒸汽输出	0	0.00
10	1.0MPa蒸汽输出	0	0.00
11	0.5MPa蒸汽输出	0	0.00
12	燃料气	0	0.00
13	催化烧焦	0	0.00
14	净化风	32471355.1m^3	3571849
15	非净化风	0	0.00
16	氮气	9438m^3	4247
17	输出中压锅炉给水	0	0
18	输出冷凝液	0	0
19	合计		38801034

3）熟料装置工业生产过程排放

熟料装置工业生产过程排放由石灰石分解产生，工业生产过程排放量为33813560 $kgCO_2$。

由1）~3）过程可汇总得到熟料装置的CO_2排放量，见表4-201。

表 4-201　熟料装置 CO_2 排放量

序号	排放类型	碳排放量/$kgCO_2$	占比/%
1	外购原料带入排放	13689162	0.39
2	自产原料带入排放	3392264724	97.52
3	能源消耗排放	38801034	1.12
4	工业生产过程排放	33813560	0.97
5	合计	3478568480	100.00

熟料装置的碳排放分配可按质量分配法，即：

$$3478568480\ kgCO_2 \div 584497\ t = 5951 kgCO_2/t$$

4）水泥装置原料带入排放

水泥装置的自产原料主要为来自熟料装置的熟料，以及来自石灰窑装置的石灰石渣，自产原料带入排放见表4-202。

表 4-202　水泥装置自产原料带入排放

序号	原料名称	原料来源	投入量/t	自产原料排放量/$kgCO_2$
1	熟料	熟料装置	584497	3478568480
2	石灰石渣	石灰窑装置	246	668718
3	合计			3479237198

水泥装置外购原料带入排放为2942065 $kgCO_2$。

5）水泥装置能源消耗排放

水泥装置能源消耗排放主要为电力、净化风消耗产生的碳排放，装置能源消耗排放计算见表4-203。

表 4-203　水泥装置能源消耗排放

序号	能耗工质	消耗量	碳排放量/$kgCO_2$
1	新鲜水	0	0
2	循环水	0	0

续表

序号	能耗工质	消耗量	碳排放量/kgCO_2
3	除盐水	0	0
4	电	27259708kW·h	24321111
5	9.8MPa蒸汽输入	0	0
6	3.8MPa蒸汽输入	0	0
7	2.5MPa蒸汽输入	0	0
8	1.0MPa蒸汽输入	0	0
9	2.5MPa蒸汽输出	0	0
10	1.0MPa蒸汽输出	0	0
11	0.5MPa蒸汽输出	0	0
12	燃料气	0	0
13	催化烧焦	0	0
14	净化风	12565496.9m^3	1382205
15	非净化风	0	0
16	氮气	0	0
17	输出中压锅炉给水	0	0
18	输出冷凝液	0	0
19	合计		25703316

（2）排放分配

由4）~5）过程可汇总得到水泥装置的CO_2排放量，见表4-204。

表4-204 水泥装置CO_2排放量

序号	排放类型	碳排放量/kgCO_2	占比/%
1	外购原料带入排放	2942065	0.08
2	自产原料带入排放	3479237198	99.19
3	能源消耗排放	25703316	0.73
4	工业生产过程排放	0	0
5	合计	3507882579	100.00

水泥装置碳排放包括外购原料带入排放、自产原料带入排放和能源消耗排放，对全装置进行质量分配，得到：

$$3507882579\ kgCO_2 \div 694487\ t = 5051\ kgCO_2/t$$

综上，水泥产品的碳足迹值为5051 $kgCO_2/t$。

4.4.5.4 煤化工产品碳足迹分析

将煤化工各产品的不同排放源的碳排放强度汇总，如图4-19所示。

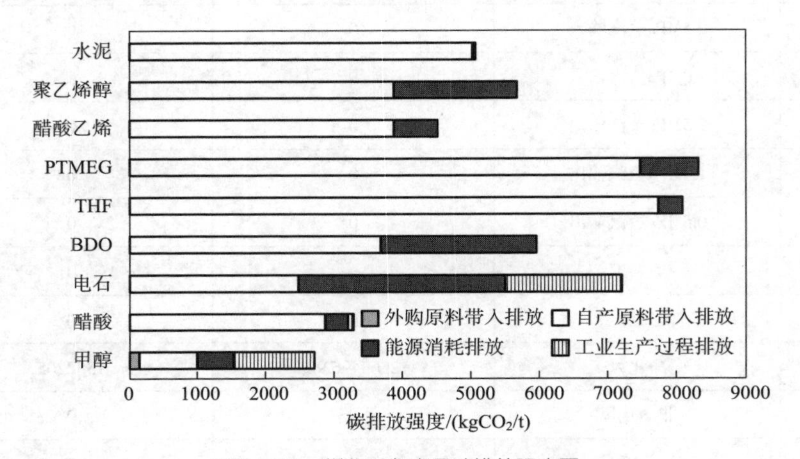

图 4-19 煤化工各产品碳排放强度图

由图4-19可得，在全厂各产品中，PTMEG的碳足迹值最大，达到8297 $kgCO_2/t$。水泥、THF和PTMEG产品的原料带入排放占比较大，分别为99%、96%和90%，这是由于这些产品的生产流程较长，除了生产装置自身的CO_2排放外，还包括前序装置带来的原料排放。对于PTMEG产品，生产流程经过甲醇装置、BDO装置、THF装置、石灰窑装置、电石装置、乙炔装置和PTMEG装置；对于水泥产品，生产流程经过甲醇装置、石灰窑装置、电石装置、乙炔装置、熟料装置和水泥装置等。产品生产流程复杂，故原料带入碳排放值较高，产品碳足迹值较高。电石产品和BDO产品的能源消耗排放占比最高，分别为41%和38%。甲醇、电石产品生产过程中工业生产过程排放占比较大，为44%和24%，分别为低温甲醇洗排放CO_2尾气和电石炉尾气。

4.4.6 石油化工全厂碳足迹

本节以某炼化企业典型产品生产全过程为例，详细介绍了全厂碳足迹评价方法及计算过程在炼化企业的应用，为炼化企业使用全生命周期方法开展碳足迹评价提供参考与借鉴。

4.4.6.1 评价对象和边界

以某炼化企业全厂产品为评价对象，按照碳足迹核算方法，计算生产单位功能产品的温室气体排放量，以当量二氧化碳（CO_2e）排放量计量。系统边界为企业边界，即从原油进厂到产品出厂的所有环节。某炼化企业生产流程示意图如图4–20所示。

4.4.6.2 产品碳足迹评价基础数据收集与处理

各装置能耗数据包括各装置的燃料气、电、蒸汽以及水、风、氮气等耗能工质的消耗量以及工业生产过程排放，各装置能耗数据见表4–205。

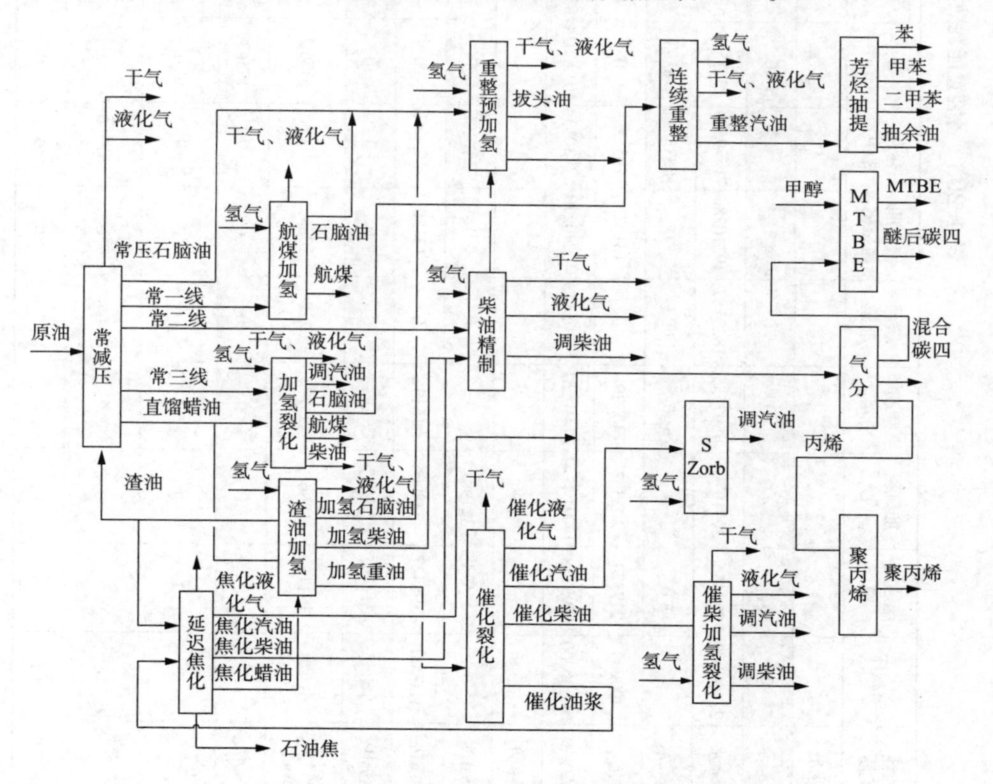

图4–20 某炼化企业生产流程示意图

表 4-205　各装置能耗数据

能耗工质	常减压	渣油加氢	加氢裂化	柴油加氢	航煤加氢	催柴加氢裂化	催化裂化	S Zorb	延迟焦化	重整预加氢	连续重整	芳烃抽提	气分	MTBE	聚丙烯
水/t															
新鲜水	0	0	0	0	0	0	0	0	5291	0	0	0	5394	3936	69852
循环水	21100000	22094566	29919795	4597555	1829187	19310280	71579543	2321510	5306878	2085720	53716531	8640241	22114147	10823094	37487056
除氧水	0	0	0	0	0	0	653305	28533	0	0	0	0	0	0	0
软化水	400000	217324	202332	40329	0	131525	795328	0	10582	0	0	0	0	0	11642
电/kW.h	56800000	107937388	117124744	19210251	11108153	44240270	67830139	10129044	8359788	4171440	0	524780955	10032272	3296124	56347004
蒸汽/t															
3.5MPa	0	651971	381901	0	0	0	-227237	0	85185	0	532122	0	0	0	0
1.0MPa	120000	-398427	-338906	-16132	0	13750	-255641	0	-58201	0	-302628	0	43689	87569	53553
0.35MPa	0	-311497	0	0	0	0	0	0	-47619	0	0	0	0	0	44239
燃料气/Nm^3	61000	18110	18665	5377	3215	10881	0	3761	8995	14600	131139	0	0	0	0
氮气/Nm^3	0	0	0	0	0	0	0	155632	0	0	20679604	0	0	0	7683682
净化风/Nm^3	0	0	0	0	0	0	0	0	0	0	0	0	0	0	6519488
催化烧焦/Nm^3	0	0	0	0	0	0	159066	0	0	0	0	0	0	0	0
低温热/t	0	0	0	0	0	0	0	0	0	0	0	0	9169280	0	0

梳理全厂的物料平衡，可以得到各装置的原料外购量、自产量、进入下游生产装置的中间产品产量（自用量）、外卖产品量，见表4-206~表4-219。

表 4-206　常减压装置物料平衡

进料	加工量/万t	进料类型	出料	产量/万t	出料类型
原油	1000.00	外购原料	常减压干气	3.50	中间产品
			常减压液化气	11.04	中间产品
			直馏石脑油	192.42	中间产品
			常一线	110.69	中间产品
			常二线	94.31	中间产品
			常三线	98.16	中间产品
			减压蜡油	297.28	中间产品
			减压渣油	191.60	中间产品
			损失	1.00	
合计	1000.00		合计	1000.00	

表 4-207　渣油加氢装置物料平衡

进料	加工量/万t	进料类型	出料	产量/万t	出料类型
减压蜡油	150.00	自产原料	H_2S	10.55	产品
减压渣油	131.60	自产原料	渣油加氢干气	3.73	成品
纯氢	4.69	外购原料	渣油加氢液化气	0.31	产品
焦化蜡油	15.08	自产原料	渣油加氢石脑油	4.49	中间产品
			渣油加氢柴油	16.86	中间产品
			渣油加氢重油	271.67	中间产品
			损失	0.06	
合计	301.4		合计	307.6	

表 4-208 加氢裂化装置物料平衡

进料	加工量/万t	进料类型	出料	产量/万t	出料类型
减压蜡油	147.27	自产原料	H_2S	6.74	成品
常三线	98.16	自产原料	干气	3.12	成品
氢气	7.49	自产原料	液化气	8.85	成品
			轻石脑油	17.58	中间产品
			重石脑油	70.82	中间产品
			航煤	60.70	成品
			柴油	85.11	成品
			损失	0.13	
合计	252.92		合计	253.05	

表 4-209 柴油加氢精制装置物料平衡

进料	加工量/万t	进料类型	出料	产量/万t	出料类型
常二线	94.31	自产原料	H_2S	1.56	成品
渣油加氢柴油	16.86	自产原料	柴加干气	0.86	成品
焦化汽油	10.84	自产原料	柴加液化气	0.28	成品
焦化柴油	15.70	自产原料	柴加石脑油	7.68	中间产品
氢气	1.46	自产原料	加氢精制柴油	128.67	中间产品
			损失	0.11	
合计	139.17		合计	139.16	

表 4-210 航煤加氢装置物料平衡

进料	加工量/万t	进料类型	出料	产量/万t	出料类型
常一线	110.69	自产原料	H_2S	0.28	成品
氢气	0.17	自产原料	航加干气	0.11	成品
			航加液化气	0.11	成品
			航加石脑油	0.27	中间产品

续表

进料	加工量/万t	进料类型	出料	产量/万t	出料类型
			精制航煤	110.02	成品
			损失	0.08	
合计	110.86		合计	110.87	

表4-211 催化柴油加氢装置物料平衡

进料	加工量/万t	进料类型	出料	产量/万t	出料类型
催化柴油	50.20	自产原料	H_2S	0.20	成品
氢气	1.32	自产原料	LCO加氢干气	1.23	成品
			LCO加氢液化气	1.27	成品
			LCO加氢汽油	26.79	成品
			LCO加氢柴油	22.02	成品
			损失	0.01	
合计	51.52		合计	51.52	

表4-212 催化裂化装置物料平衡

进料	加工量/万t	进料类型	出料	产量/万t	出料类型
加氢重油	271.67	自产原料	H_2S	0.56	成品
			催化干气	8.76	成品
			催化液化气	50.07	成品
			催化汽油	132.03	中间产品
			催化柴油	50.20	中间产品
			催化油浆	14.75	中间产品
			催化剂结焦	15.21	
			损失	0.08	
合计	271.67		合计	271.66	

表 4-213　S Zorb 装置物料平衡

进料	加工量/万t	进料类型	出料	产量/万t	出料类型
催化汽油	132.03	自产原料	H_2S	0.04	成品
氢气	0.17	自产原料	S Zorb干气	4.37	成品
			S Zorb汽油	127.79	成品
合计	132.20		合计	132.20	

表 4-214　延迟焦化装置物料平衡

进料	加工量/万t	进料类型	出料	产量/万t	出料类型
减压渣油	60.00	自产原料	焦化干气	3.48	成品
催化裂化油浆	14.75	自产原料	焦化液化气	2.24	成品
			焦化汽油	10.84	中间产品
			焦化柴油	15.70	中间产品
			焦化蜡油	21.30	中间产品
			石油焦	21.12	成品
			损失	0.07	
合计	74.75		合计	74.75	

表 4-215　重整预加氢装置物料平衡

进料	加工量/万t	进料类型	出料	产量/万t	出料类型
直馏石脑油	192.42	自产原料	H_2S	0.08	成品
渣加石脑油	4.49	自产原料	干气	0.60	成品
柴加石脑油	7.68	自产原料	液化气	2.84	成品
航加石脑油	0.27	自产原料	拔头油	23.26	成品
重整氢	0.78	自产原料	重整原料	178.82	中间产品
			损失	0.04	
合计	205.64		合计	205.64	

表 4-216 连续重整装置物料平衡

进料	加工量/万t	进料类型	出料	产量/万t	出料类型
重整原料	178.82	自产原料	氢气	10.48	中间产品
加裂重石脑油	70.82	自产原料	重整干气	5.79	成品
			重整液化气	8.09	成品
			重整汽油	225.18	中间产品
			损失	0.10	
合计	249.64		合计	249.64	

表 4-217 芳烃抽提装置物料平衡

进料	加工量/万t	进料类型	出料	产量/万t	出料类型
重整汽油	225.18	自产原料	苯	29.34	成品
			甲苯	78.05	成品
			混合二甲苯	77.62	成品
			抽余油	40.04	成品
			损失	0.14	
合计	225.18		合计	225.19	

表 4-218 气分装置物料平衡

进料	加工量/万t	进料类型	出料	产量/万t	出料类型
FCC液化气	50.07	自产原料	干气	6.78	成品
焦化液化气	2.24	自产原料	液化气	12.90	成品
			气分丙烯	23.26	中间产品
			气分混合碳四	9.33	中间产品
			损失	0.04	
合计	52.31		合计	52.31	

表 4-219　聚丙烯装置物料平衡

进料	加工量/万t	进料类型	出料	产量/万t	出料类型
气分丙烯	23.26	自产原料	聚丙烯	23.24	成品
氢气	0.004	自产原料	损失	0.024	
合计	23.264		合计	23.264	

外购原料的排放因子源于中国产品全生命周期温室气体排放系数库，外购料主要为甲醇和氢气，其排放因子见表4-220。

表 4-220　外购原料碳排放因子　　tCO_2/t

名称	数值	来源
甲醇	1.63	中国产品全生命周期温室气体排放系数库
氢气	8.36	中国产品全生命周期温室气体排放系数库

4.4.6.3　产品碳足迹评价

以质量分配法进行各装置产品碳足迹核算，各装置产品碳足迹值见表4-221，碳足迹包括原料带入碳排放、能源消耗碳排放以及工业生产过程碳排放等，其中催化裂化工艺过程产生工业生产过程碳排放。定义单位产品碳足迹为产品碳排放总量与加工量的比值。

该厂产品既有燃料产品也有化工原料和化工品，主要包括汽油、航煤、柴油、苯、甲苯、二甲苯、聚丙烯、石油焦等。其中汽油、柴油、航煤等由多个装置产物调和而成，苯、甲苯、混合二甲苯、石油焦、聚丙烯等产品不涉及调和。下面分别介绍汽油、航煤、柴油、苯、甲苯、二甲苯、聚丙烯、石油焦等产品的碳足迹计算过程。

（1）汽油产品

汽油生产涉及的装置较多，除了聚丙烯装置，其他装置几乎全部相关，如图4-21所示。汽油产品通过S Zorb汽油、催化柴油加氢裂化汽油、加氢裂化轻石脑油、重整预加氢拔头油、甲苯、抽余油、MTBE等七个组分进行调和获得，根据不同的比例以及各组分碳足迹进行加权平均，获得汽油产品石油炼制过程中的碳足迹为365.4 $kgCO_2/t$。从七个组分碳足迹可以看出，各调和组分碳足迹差别较

表 4-221　生产装置碳排放及产品碳足迹情况

名称	常减压	渣油加氢	加氢裂化	柴油加氢	航煤加氢	催柴加氢裂化	催化裂化	S Zorb	延迟焦化	重整预加氢	连续重整	芳烃抽提	气分	MTBE	聚丙烯
原料带入排放/tCO_2		423882.15	75907.12	93076.72	26392.69	300579.59	480696.90	451554.56	64488.26	59560.89	151795.03	550430.73	174251.35	43417.15	87910.88
能源消耗排放/tCO_2	234727.80	120385.17	155603.62	21916.29	15243.96	53959.20	-88229.93	17269.01	41271.40	40452.93	458438.60	303754.82	23434.46	31568.58	74093.06
工业生产过程排放/tCO_2	0	0	0	0	0	0	535515.86	0	0	0	0	0	0	0	0
碳排放量/tCO_2	234727.80	544267.32	231510.74	114993.01	41636.65	354538.79	927982.83	468823.57	105759.66	100013.82	610233.63	854185.55	197685.81	74985.73	162003.94
装置加工量/万t	1000.00	307.60	252.91	139.17	110.86	51.52	271.67	132.20	74.75	205.64	249.64	225.18	52.31	9.83	23.27
产品碳足迹/($kgCO_2/t$)	23.5	176.9	91.5	82.6	37.6	688.2	341.6	354.6	141.5	48.6	244.4	379.3	377.9	762.8	696.2

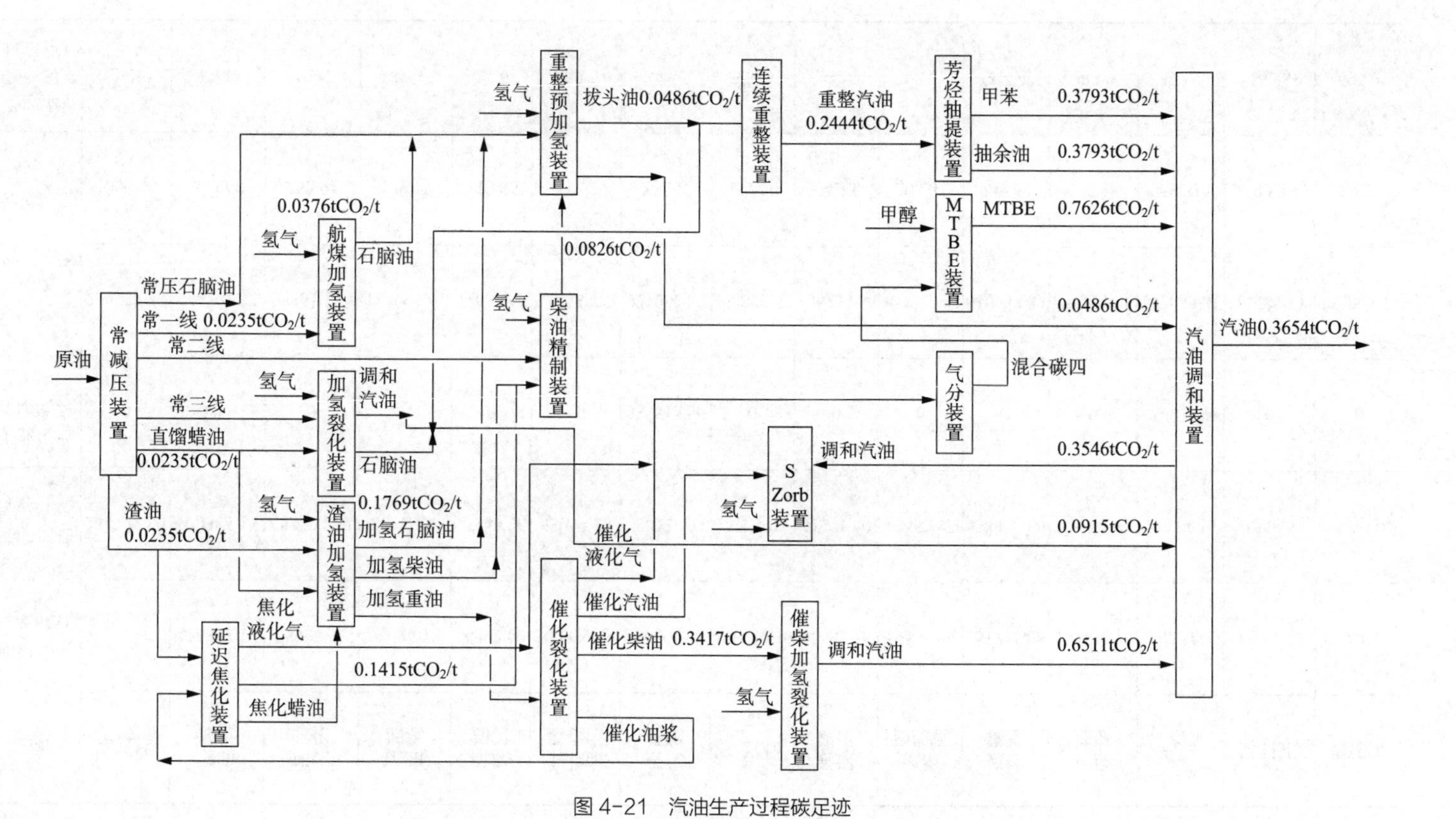

图 4-21 汽油生产过程碳足迹

大。其中碳足迹最高的是MTBE，为762.6 kgCO_2/t，但由于MTBE调和比例较低，仅为0.86%，因此对汽油的碳足迹影响不大；催化柴油加氢裂化装置所产汽油的碳足迹次之，为651.1 kgCO_2/t，是汽油调和组分中的第二大组分，因此其影响相对较大；S Zorb汽油与甲苯的碳足迹分别为354.6 kgCO_2/t和379.3 kgCO_2/t，苯和抽余油出自同一装置，因此两者的碳足迹相同，S Zorb汽油是汽油调和组分中第一大组分，占比接近62%，其结果对汽油产品碳足迹影响较大；碳足迹最低的是重整预加氢拔头油，其碳足迹为48.6 kgCO_2/t。汽油产品调和比例及各自碳足迹见表4-222。

表 4-222　汽油产品调和比例及各自碳足迹

序号	产品	比例/%	碳强度/（kgCO_2/t）
1	S Zorb 汽油	61.73	354.6
2	催柴加裂汽油	12.94	651.1
3	拔头油	11.23	48.6
4	甲苯	12.08	379.3
5	抽余油	1.16	379.3
6	MTBE	0.86	762.6

（2）航煤产品

航煤产品涉及的装置流程相对简单，主要为常减压、航煤加氢及加氢裂化三套装置。主要有两条路线：第一条路线为原油经常减压装置分离出常一线，常一线进航煤加氢装置生产航煤；第二条路线为常减压装置分离出的常三线和蜡油，进入加氢裂化装置生产航煤。航煤加氢和加氢裂化装置产生的航煤经调和成为最终的航煤产品。其碳足迹如图4-22所示，航煤产品的碳足迹为56.8kgCO_2/t。从图4-22中可以看出，航煤经两条路线生产的碳足迹差别较大，由航煤加氢装置生产的航煤碳足迹仅为37.6 kgCO_2/t，从常减压装置到加氢裂化装置生产的航煤碳足迹为91.5 kgCO_2/t，是航煤加氢路线的2.43倍，因此为了减少航煤生产过程的碳足迹，应尽量提高航煤加氢路线生产航煤比例。

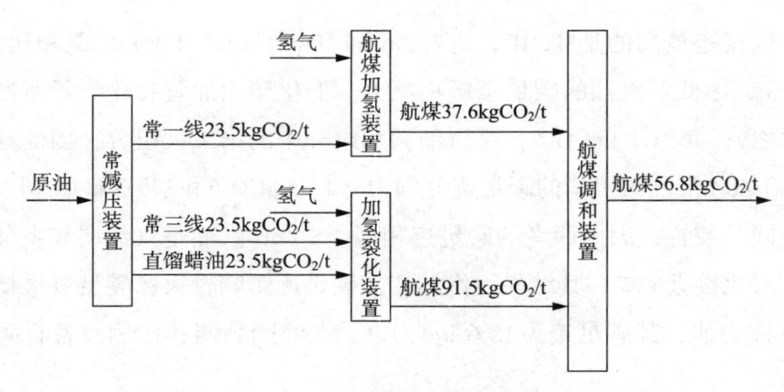

图 4-22　航煤生产过程碳足迹

（3）柴油

柴油生产涉及常减压、渣油加氢、加氢裂化、延迟焦化、催化裂化、催柴加氢裂化、柴油精制7套装置。最终出厂柴油产品由加氢裂化、柴油精制以及催柴加氢裂化三个装置产的柴油调和而成，柴油的碳足迹为138.9 $kgCO_2/t$。从图4-23中可以看出三种调和组分的碳足迹差别较大，其中柴油精制装置以及加氢裂化装置生产的柴油碳足迹相差不大，分别为82.6 $kgCO_2/t$和91.5 $kgCO_2/t$，而催柴加氢裂化装置生产的柴油碳足迹非常高，为651.1 $kgCO_2/t$，是柴油加氢精制装置生产柴油碳足迹的7.88倍，是加氢裂化装置生产柴油碳足迹的7.12倍。从加工路线看，柴油加氢精制与加氢裂化路线直接加工常减压装置分离出的产物，流程较短。而催柴加氢裂化路线较长，同时该路线多个装置能耗较高，碳排放量较高，特别

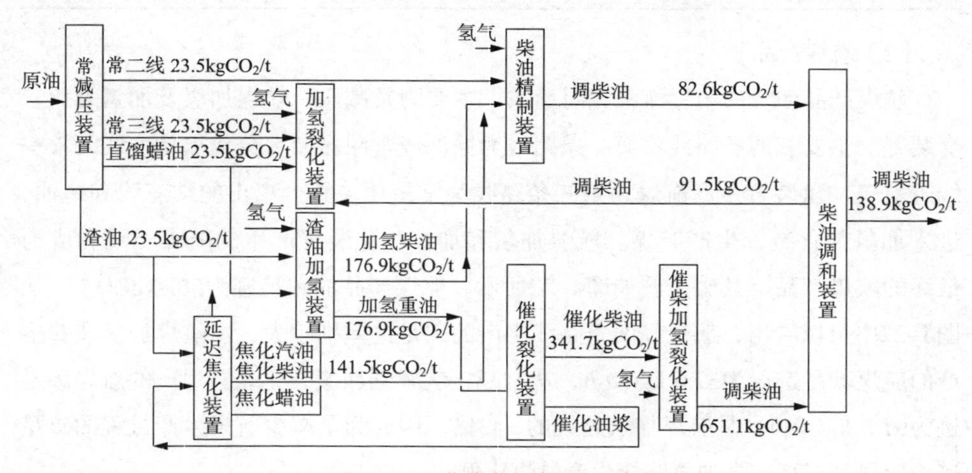

图 4-23　柴油生产过程碳足迹

是柴油加氢裂化装置，其柴油产品与其原料相比，碳足迹增加了309.4 $kgCO_2/t$。因此，应尽量减少柴油加氢裂化路线生产的柴油调和组分产量，以降低柴油碳足迹。

（4）石油焦

石油焦由延迟焦化装置生产，与汽柴油相比，石油焦生产流程相对较短，生产过程涉及常减压、渣油加氢、催化裂化以及延迟焦化4套装置，其生产过程碳足迹如图4-24所示，石油焦在石油炼制过程的碳足迹为141.5 $kgCO_2/t$。表4-223为石油焦生产过程碳排放类型对比，从表4-223中可以看出原料带来的碳排放高于延迟焦化过程能耗引起的碳排放，两者占比分别为60.98%和39.02%。延迟焦化装置的原料主要为减压渣油和催化裂化油浆，从两者碳排放强度可以看出，渣油碳排放强度仅为23.5 $kgCO_2/t$，而催化油浆碳排放强度高达341.7 $kgCO_2/t$，是减压渣油碳排放强度的14.54倍。因此为减少石油焦生产过程碳足迹应尽量减少催化油浆的掺炼比。

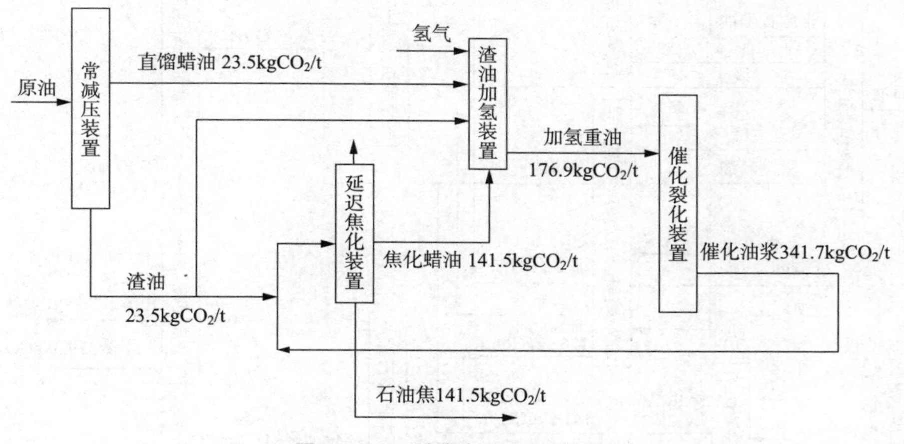

图 4-24　石油焦生产过程碳足迹

表 4-223　石油焦生产过程碳排放类型对比

序号	排放类型	排放量/tCO_2	占比/%
1	原料带入排放	64488.26	60.98
2	能源消耗排放	41271.40	39.02
3	合计		100

（5）苯、甲苯、二甲苯

苯、甲苯、二甲苯生产涉及装置较多，包括常减压、渣油加氢、催化裂化、延迟焦化、加氢裂化、航煤加氢、柴油精制、重整预加氢、连续重整以及芳烃抽提等10套装置，其碳足迹为379.7 kgCO_2/t，如图4-25所示。其中连续重整装置与芳烃抽提装置对芳烃碳足迹的影响较大，其在生产过程中的占比分别为48.41%和35.67%，两者总占比为84.08%，因此降低苯、甲苯以及二甲苯的生产过程碳足迹，关键是降低连续重整装置以及芳烃抽提装置碳排放。

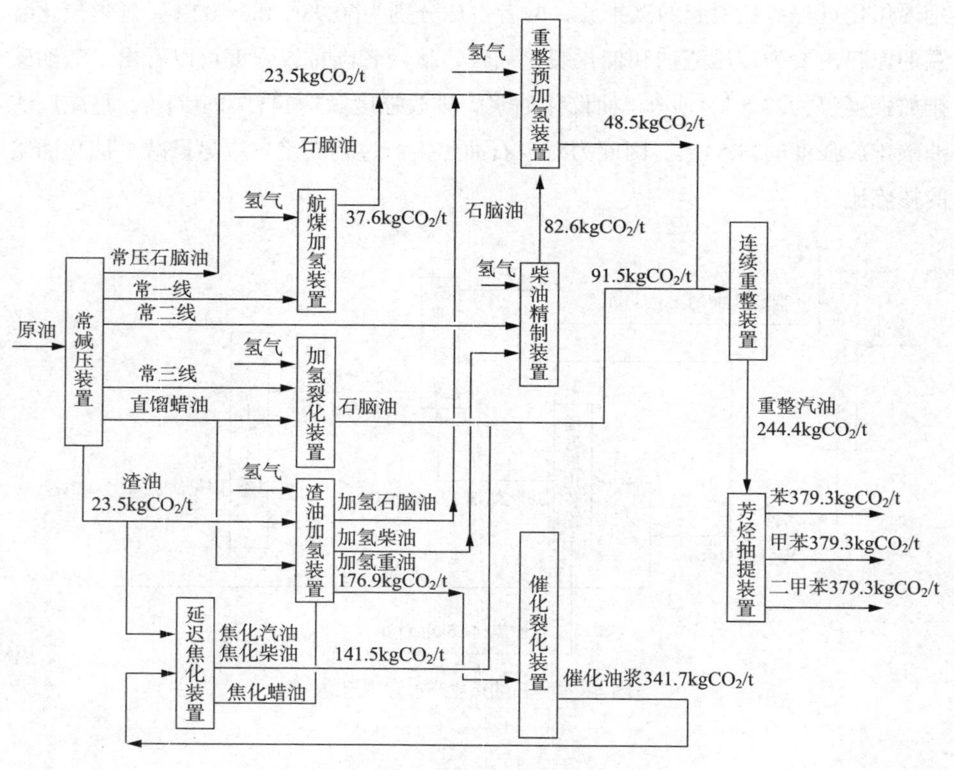

图4-25 芳烃生产过程碳足迹

（6）聚丙烯

聚丙烯生产涉及常减压、渣油加氢、催化裂化、延迟焦化、气分以及聚丙烯装置，聚丙烯碳足迹为697.1 kgCO_2/t。其中，聚丙烯装置是影响聚丙烯碳足迹的关键环节，其在整个聚丙烯生产过程中的占比为45.79%。其原料主要有两个来源，一是延迟焦化装置产生的液化气中含有的丙烯，二是催化裂化装置产生的液化气中含有的丙烯，其中催化裂化液化气碳足迹为延迟焦化液化气碳足迹的2.41倍。

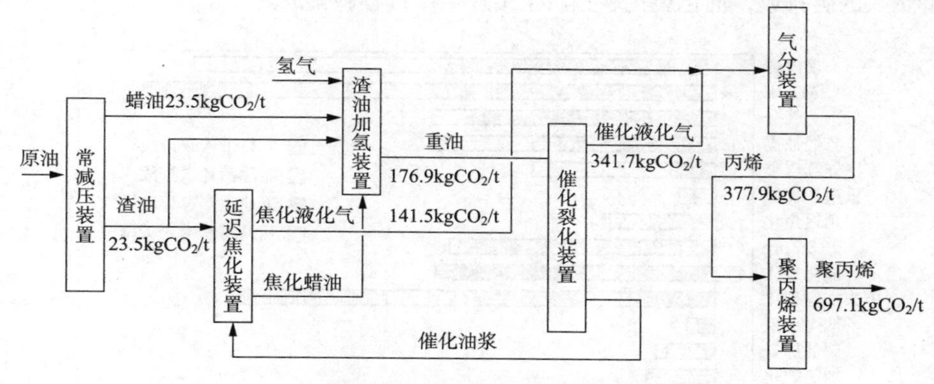

图 4-26　聚丙烯生产过程碳足迹

几种主要产品碳足迹汇总见表4-224，从表4-224中可以看出这几种产品的碳足迹相差较大，其中最低的为航煤，其碳足迹仅为56.8 $kgCO_2/t$，最高的聚丙烯碳足迹则高达697.1 $kgCO_2/t$，是航煤碳足迹的12.27倍。化工原料和化工产品的碳足迹相对燃料产品的碳足迹更高，这主要由于生产化工原料涉及流程与生产燃料的流程相比更长，产品碳足迹值更高。作为燃料的汽油、柴油、航煤与石油焦，其碳足迹差别也比较大，汽油的碳足迹最高，达到365.4 $kgCO_2/t$，是航煤碳足迹的6.43倍。

表 4-224　石油化工产品碳足迹汇总

序号	产品	碳足迹/（$kgCO_2/t$）
1	汽油	365.4
2	柴油	138.9
3	航煤	56.8
4	石油焦	145.5
5	苯	379.3
6	甲苯	379.3
7	混合二甲苯	379.3
8	聚丙烯	697.1

将企业生产过程各装置的碳排放强度数据汇总，如图4-27所示。原料带入排放是装置上游加工环节原料带入的碳排放，辅助材料带入碳排放主要为氢气和甲醇带入的碳排放，催化裂化装置产生工业生产过程碳排放。

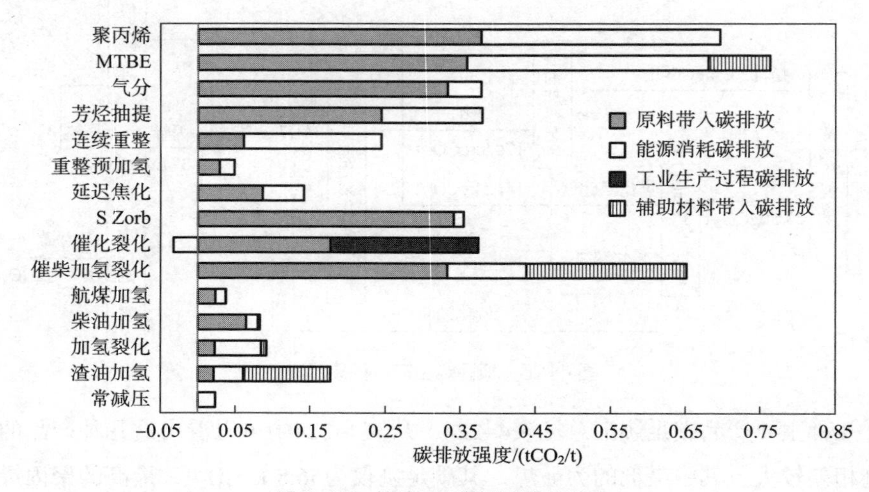

图4-27　炼油厂各装置碳排放强度

由图4-27可知，聚丙烯装置的原料碳排放强度最高，达377.8 $kgCO_2/t$，其原料主要来自气分装置。对于聚丙烯装置，原料带入碳排放占比54.26%，能源消耗碳排放占比45.74%。聚丙烯装置处于炼油厂加工环节的后端，从常减压、延迟焦化、渣油加氢、催化裂化等装置能源消耗产生的CO_2排放均已计入产品中，并带入聚丙烯装置。能源消耗碳排放强度最高的为MTBE装置，其次为聚丙烯装置，其中MTBE装置能源消耗碳排放强度高达321.1 $kgCO_2/t$，对于MTBE装置，原料带入的碳排放占比47.03%，能源消耗碳排放占比42.10%，辅助材料带入碳排放占比10.87%。辅助材料带入碳排放强度最高的为催柴加氢裂化装置，达到213.4 $kgCO_2/t$，对于催柴加氢裂化装置，辅助材料带入碳排放占比为32.8%，原料带入碳排放占比为51.1%，能源消耗碳排放占比为16.1%。催柴加氢裂化装置辅助材料带入碳排放强度较高，主要是由于催化柴油加氢裂化装置所用氢气为外购氢气，其碳排放强度高达8.36 tCO_2/t。催化裂化工业生产过程碳排放强度也较高，达到了197.1 $kgCO_2/t$，占比高达57.7%。降低氢气碳强度或调整其使用量，降低连续重整、催化裂化和芳烃抽提过程碳排放对降低该炼化企业碳排放总量具有重要意义。

第五章

石油化工行业下游企业生产活动碳足迹评价

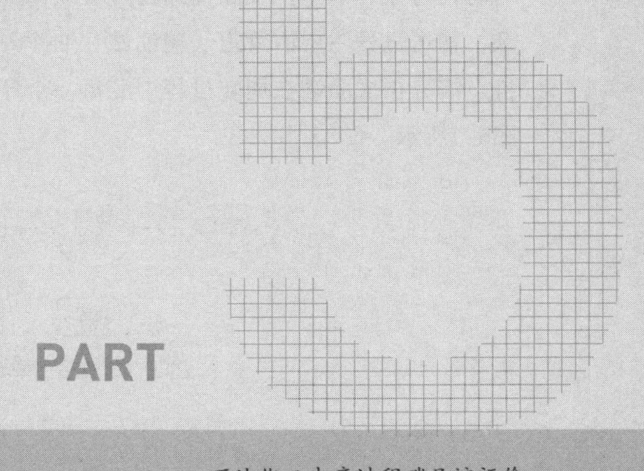

石油化工行业下游业务主要指石油化工产品储运及销售。本书以成品油运输为例，介绍碳足迹评价方法及计算过程在下游企业生产活动中的应用。

成品油运输是指成品油从炼油厂产品储罐输送到成品油油库的过程，成品油运输碳排放为成品油从炼油厂运输至成品油油库的管输排放。本章将详细介绍成品油运输过程碳足迹评价方法。

5.1 成品油运输碳足迹评价方法

管道为成品油运输的主要方式，在本书中成品油运输碳足迹是指成品油管输过程碳足迹。成品油管道将成品油从资源富余的炼油厂和油库输送至靠近市场的油库和转油站，主要由输油站和管线以及辅助系统设施组成。开展成品油管道运输碳足迹评价有利于评估成品油运输过程中的碳排放水平，为成品油物流运输系统优化提供支撑。

5.1.1 建立成品油周转流程图

不同地区之间油库地理位置差异较大，不同来源点的成品油到油库的输送路径不同，因此成品油输送碳足迹评价，以成品油从炼油厂到油库的物料输送过程为研究对象，以单位成品油周转过程碳排放为评价对象。成品油周转过程相对复杂，输送过程主要由管道、输油站、油库等设施组成，因此成品油输送碳足迹评价，需分析成品油在周转过程中的每一个环节产生的碳排放。成品油周转流程如图5-1所示。

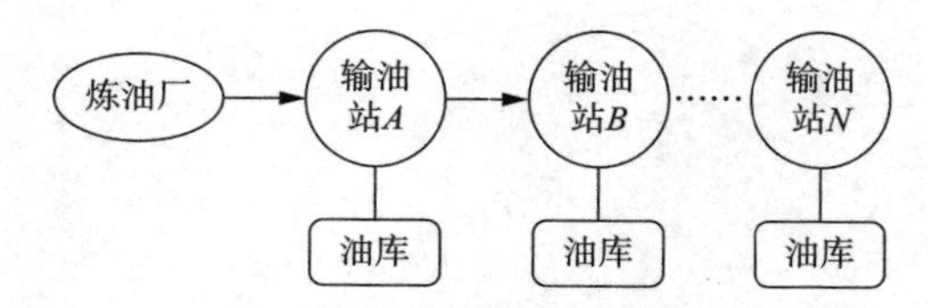

图 5-1　成品油周转流程示意图

对于具有下载功能的输油站，其输送的成品油一部分经输油泵加压后进入油库（下载量），另一部分输送至下游输油站（输油量）。成品油输油站示意图如图5-2所示。

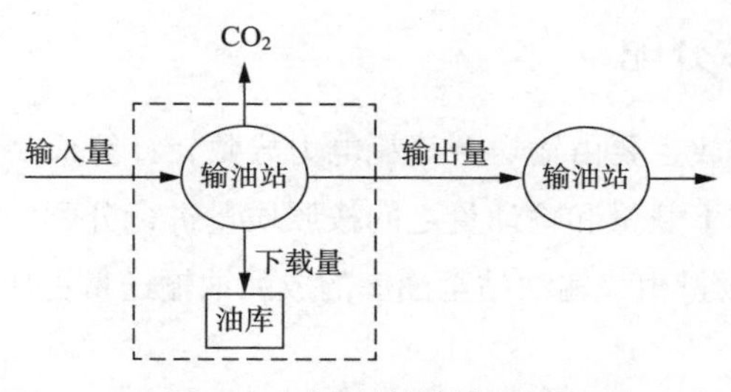

图 5-2　成品油输油站示意图

5.1.2　物料平衡分析

成品油运输过程中的物料平衡是指进入成品油管网的收油量与经过不同周转路径下载到油库的下载量和进入管网各段输油量之间的平衡。成品油管网的收油量包括从炼油厂收取的成品油量，管网交油量包括油库下载量和输送到其他管网的成品油量。根据管网收油量、管段输油量和油库下载量，可以得出各输油站成品油进出物料平衡。

5.1.3　排放清单分析

成品油运输过程碳足迹为输送单位质量成品油过程产生的二氧化碳排放量，该部分排放清单包括成品油输送过程中各输油站的原料带入排放、能源消耗排放、以及辅助材料带入排放，如公式（5-1）所示：

$$E_{\mathrm{c}} = E_{原料} + E_{能耗} + E_{辅助材料} \tag{5-1}$$

式中　E_{c}——生产环节CO_2排放量，$kgCO_2$；

$E_{原料}$——原料获取阶段产生的二氧化碳，即成品油由输送路径起始点输送到该管段起点所产生的二氧化碳排放，成品油输送路径起始点为成品油从炼油厂或外部采购至第一个输油站后的起点，$kgCO_2$；

$E_{能耗}$——能源消耗排放，即成品油输送过程中所涉及的管线输油站电耗、管线维温消耗蒸汽、燃料等能耗工质产生的二氧化碳排放，$kgCO_2$；

$E_{辅助材料}$——辅助材料带入排放，成品油输送过程使用的辅助材料生产阶段产生的二氧化碳排放，若成品油输送过程使用的辅助材料量较小，可暂不考虑辅助材料带入排放，$kgCO_2$。

5.1.4 排放分配

输油站的CO_2排放主要由输送泵消耗电力导致，计算成品油输送过程碳足迹时，可将CO_2排放在下载量和输油量之间按照质量进行分配：即某输油站输送至某油库的成品油排放量由该输油站至油库的成品油输送量占比与输油站的总排放量两个因素所决定。

5.1.5 碳足迹计算

成品油通过各输油路径输送到不同油库和输油站，不同输油路径碳足迹可由该路径上各管段单位输油量碳排放累加得到，计算公式如式（5–2）所示：

$$CF_i = \sum_{j=1}^{j=i-1} CF_j \tag{5–2}$$

式中 CF_i——某条输油路径碳足迹，$kgCO_2/t$；

CF_j——某段输油管道碳足迹，$kgCO_2/t$；

i、j——构成输油路径的输油管段序号。

5.2 成品油运输碳足迹案例分析

本案例以某省公司单位成品油周转过程为评价对象，按照生命周期评价方法，评价核算某销售公司在某省的成品油周转业务碳足迹。

对成品油运输碳足迹进行核算分析时，按照成品油周转路径建立、物料平衡分析、排放清单分析、碳足迹计算四个步骤进行。

5.2.1 建立成品油周转路径

本案例中某销售公司在某省的输油站包括YJ站（YJ油库）、EP站（EP油库）、HS站（ZS油库）、JM站（HB油库）、SD站（FE油库）、GM站（FW油库）、SS站

（XX油库）、HD站（HD油库）、NH站（BC油库）、DG站（LB油库）、HP站（HP油库）、NS站（XHD油库）、ZS站（ZJB油库）、ZH站（TJ油库）、DM站（NM油库）、MW站（MW油库）、DPW站（DPW油库）、HZ站（ZH油库）、QX站（QX油库）、MZ站（ZC油库）、MM站（GG油库）、ZJ站（SLS油库）等22个输油站和22个下载油库，成品油周转路径如图5-3所示。

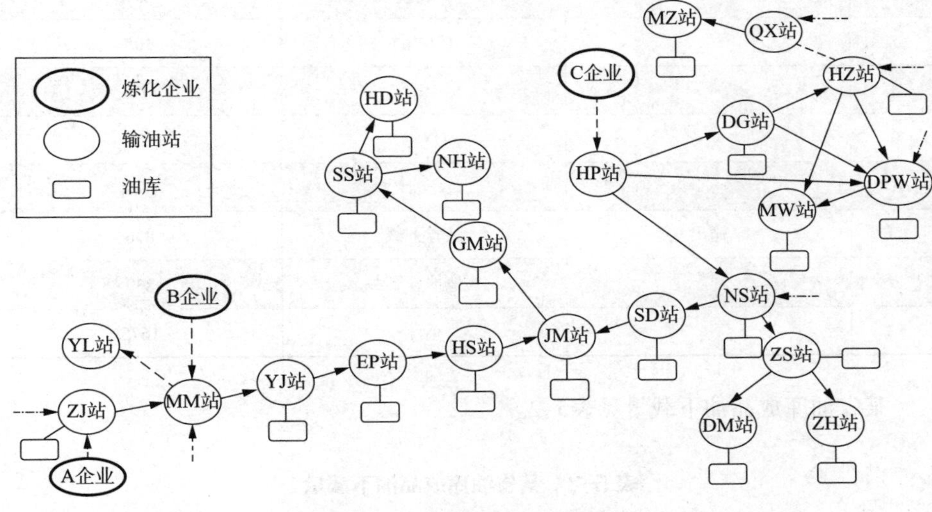

图5-3　某省成品油输送路径图

5.2.2　物料平衡分析

某省成品油管网的收油量包括A企业、B企业、C企业提供的成品油量，以及从DX港、SX港外购的成品油量；管网交油量包括某省下载量和输送到其他地区管网的成品油量。

该销售公司在某省的管网物料平衡见表5-1。管网的成品油输入和输出基本相等，管网基本实现了物料平衡。

表5-1　某省管网成品油物料平衡

序号	流向	成品油来源	输送量/万t
1	输入	A企业	288
2		B企业	564

续表

序号	流向	成品油来源	输送量/万t
3		C企业	221
4		DX港	100
5		SD港	5
6		NS港	347
7		DPW港	105
8		ZH	18
9		QX港	26
10		小计	1674
11	输出	某省下载	836
12		其他地区下载	839
13		小计	1675

某省油库成品油下载量见表5-2。

表 5-2 某省油库成品油下载量

序号	油库	下载量/万t	序号	油库	下载量/万t
1	SLS油库	35	13	ZJB油库	58
2	GG油库	0	14	TJ油库	33
3	YJ油库	27	15	NM油库	8
4	EP油库	5	16	HP油库	0
5	ZS油库	11	17	LB油库	115
6	HB油库	43	18	MW油库	142
7	FE油库	39	19	DPW油库	19
8	FW油库	72	20	ZH油库	4
9	XX油库	22	21	QX油库	0
10	HD油库	52	22	ZC油库	26
11	BC油库	51	23	小计	826
12	XHD油库	64			

某省管网及各段输油量包括ZJ-MM段（351万t），MM-JM段（81万t），NS-FS段（246万t），HP-NS段（64万t），NS-ZH段（100万t），HP-SZ段（137万t），DPW/HZ-MW段（144万t），QX-MZ段（26万t）。

根据管网各段输油量、管网收油量和油库下载量，可以计算各输油站进出成品油物料平衡，表5-3~表5-10列出了各输油站点的收油来源、输出量等物料平衡。

表5-3 ZJ站进出物料平衡

序号	流向	输油线路	输送量/万t
1	输入	A企业	288
2		DX港口	100
3		小计	388
4	输出	ZJ-MM	351
5		ZJ下载	35
6		小计	386

注：表中误差0.2%，主要由于计量等原因造成，忽略上述误差影响，下同。

表5-4 MM站进出物料平衡

序号	流向	输油线路	输送量/万t
1	输入	B企业	564
2		ZJ-MM	351
3		SD港	5
4		小计	920
5	输出	MM-YJ	81
6		MM-YL	839
7		小计	920

表 5-5 JM 站进出物料平衡

序号	流向	输油线路	输送量/万t
1	输入	SD-JM	207
2		HS-JM	36
3		小计	243
4	输出	JM-GM	200
5		JM下载	43
6		小计	243

表 5-6 NS 站进出物料平衡

序号	流向	输油线路	输送量/万t
1	输入	HP-NS	64
2		NS港	347
3		小计	411
4	输出	NS-SD	246
5		NS-ZS	100
6		NS下载	64
7		小计	410

表 5-7 HP 站进出物料平衡

序号	流向	输油线路	输送量/万t
1	输入	C企业	221
2		小计	221
3	输出	HP-DG	137
4		HP-NS	64
5		HP-DPW	19
6		小计	220

表 5-8　DG 站进出物料平衡

序号	流向	输油线路	输送量/万t
1	输入	HP-DG	137
2		小计	137
3	输出	DG下载	115
4		DG-DPW	19
5		DG-HZ	2
6		小计	136

表 5-9　HZ 站进出物料平衡

序号	流向	输油线路	输送量/万t
1	输入	DG-HZ	2
2		HZ港口	18
3		小计	20
4	输出	HZ下载	4
5		HZ-MW	14
6		HZ-DPW	2
7		小计	20

表 5-10　DPW 站进出物料平衡

序号	流向	输油线路	输送量/万t
1	输入	DG-DPW	19
2		HZ- DPW	2
3		DPW港口	105
4		HP- DPW	19
5		小计	145
6	输出	DPW下载	19
7		DPW-MW	128
8		小计	147

根据某省油库下载量和输油量，可以得到各输油站的物料平衡，见表5-11。

表5-11　某省输油站物料平衡

序号	输油站	输入量/万t	输出量/万t	下载量/万t
1	ZJ站	388	351	35
2	MM站	920	920	0
3	YJ站	81	53	27
4	EP站	53	48	5
5	HS站	48	11	37
6	JM站	243	200	43
7	SD站	246	207	39
8	GM站	200	126	72
9	SS站	126	104	22
10	HD站	52	0	52
11	NH站	51	0	51
12	NS站	411	346	64
13	ZS站	100	42	58
14	ZH站	33	0	33
15	DM站	8	0	8
16	DG站	137	22	115
17	HP站	221	220	0
18	MW站	142	0	142
19	DPW站	145	128	19
20	HZ站	20	16	4
21	QX站	26	26	0
22	MZ站	26	0	26
23	小计	3682	2823	852

注：表中各段如出现输入量与输出量、下载量之和不等的情况，由计量误差造成，忽略上述误差影响。

5.2.3 排放清单分析

根据上述分析，对某销售公司输送某省成品油过程的CO_2排放量进行汇总分析，见表5-12。

表 5-12 某省成品油输送过程 CO_2 排放量

序号	输油站	耗电量/kW·h	CO_2排放量/$kgCO_2$
1	ZJ站	8293300	6712597
2	MM站	1529025	1237593
3	YJ站	412800	334120
4	EP站	74226	60079
5	HS站	437647	354231
6	JM站	118036	95538
7	SD站	103599	83853
8	GM站	3416115	2765004
9	SS站	113975	92252
10	HN站	80655	85108
11	HD站	105150	65282
12	NS站	11302750	9148446
13	ZS站	63772	51617
14	ZH站	109280	88451
15	DM站	49945	40425
16	HP站	5020500	4063593
17	DG站	1392400	1127009
18	MW站	120734	97722
19	DPW站	3434300	2779722
20	HZ站	710580	575143
21	QX站	1515800	1226889
22	MZ站	47612	38537

5.2.4 碳足迹计算

对某销售公司输送某省成品油碳足迹进行汇总，见表5-13。

表 5-13 某省成品油输送过程碳足迹

序号	油库	成品油下载量/万t	碳足迹/（$kgCO_2/t$）
1	SLS油库	35	1.73
2	GG油库	0	0.79
3	YJ油库	27	1.21
4	EP油库	5	1.32
5	ZS油库	11	2.05
6	HB油库	43	2.53
7	FE油库	39	2.57
8	FW油库	72	3.92
9	XX油库	22	3.99
10	HD油库	52	4.15
11	BC油库	51	4.12
12	XHD油库	64	2.54
13	ZJB油库	58	2.59
14	TJ油库	33	2.85
15	NM油库	8	3.07
16	HP油库	0	2.01
17	LB油库	115	2.83
18	MW油库	142	2.69
19	DPW油库	19	2.58
20	ZH油库	4	3.05
21	QX油库	0	4.70
22	ZC油库	26	4.85
23	全省加权		2.97

对各输油站CO_2排放量在下载量和输油量之间进行了分配。某输油站输送至某油库的排放量由输油站至油库的成品油输送量占比乘以该输油站的总排放量计算。综合上述各输油站和油库，可计算某省加权成品油输送碳足迹为2.97 $kgCO_2/t$。

图5-4绘制了某省成品油运输碳足迹示意图，通过分析可知，成品油输送管网收油和下载油库的位置分布、输送里程和输油站所在海拔高度有关，由于此公司成品油来源主要在该省境内，加上该省地势平坦，因此油品输送能耗相对较低，其碳足迹较小。

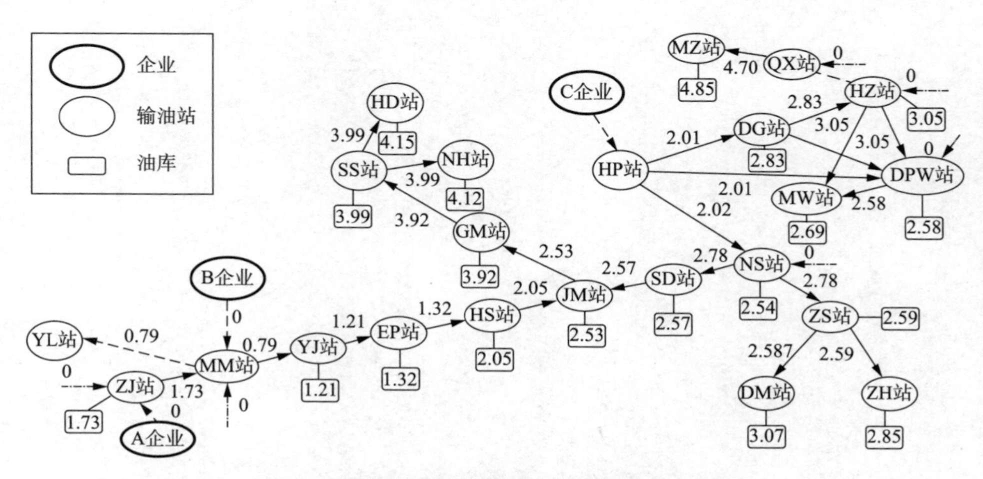

图 5-4　某省成品油运输碳足迹（单位：$kgCO_2/t$）

第六章

石油化工碳足迹评价展望

PART

6.1 碳足迹评价意义深远

2021年以来，中国积极落实《巴黎协定》，进一步提高国家自主贡献力度，围绕碳达峰碳中和目标，有力有序有效推进各项重点工作，取得显著成效。中国已建立起碳达峰碳中和“1+*N*”政策体系，制定中长期温室气体排放控制战略，推进全国碳排放权交易市场建设，编制实施国家适应气候变化战略。

碳足迹的深远意义在碳达峰碳中和背景下越发凸显。碳足迹报告、碳足迹认证以及降低产品碳足迹已经并将被逐渐纳入社会自治组织或监管考量；我国各地、各行业、各产品正在开启建立与国际接轨的碳足迹标识认证工作。

①碳足迹是双碳战略的重要抓手，也是企业实现双碳战略的重要核算指标，对我国碳达峰碳中和目标的实现有着重要意义。为了推动碳达峰碳中和目标的顺利实现，有必要对全社会各个环节、各个领域的碳足迹进行描摹。而全社会碳足迹评价工作的开展，能够推动建立碳标签制度等一系列工作，这不仅有利于强化企业控制温室气体排放的主体责任，还能够增强公众积极应对气候变化的意识，营造绿色低碳发展的良好氛围，更有利于推动我国的重点产品出口和提升相关产业国际市场竞争力。而这些都是我国顺利实现碳达峰碳中和目标的一个个细微且关键的重点。

在生产端，开展产品碳足迹评价是减少碳排放行为的重要基础，能够帮助企业辨识产品生命周期中主要的温室气体排放过程，制定有效的碳减排方案；在消费端，实施碳足迹核算是实现碳达峰碳中和不可或缺的技术基础。通过使用碳足迹标准及标识，消费者可以方便地比较产品碳排放高低，从而发挥绿色低碳消费对供给侧的引导作用。通过生产端和消费端的协同发力，碳足迹能够从基础数据、核算体系、减排方法等多个角度助力国家双碳目标的实现。

②碳足迹对于企业转型升级和优化产品全生命周期碳排放有着重要意义。公布碳足迹数据，能够让企业更清晰地了解碳排放的各个环节，在降碳工作中可以借助碳足迹拆解整个碳排放流程，并逐个有针对性地击破，更有利于实现减碳目

标。碳足迹评价贯穿全产业环节，从企业内部原材料采购、技术开发和生产活动，到外部经营活动、市场营销等方方面面，对企业产品的全生命周期和全产业链产生影响。碳足迹为全产业链的清洁化奠定了基础。碳足迹的披露作为产品全生命周期的排放指导和技术倒逼，为了更多地减少温室气体排放，企业必然会持续不断优化产品全生命周期的各个环节，提高企业的竞争力。

从企业内部各个环节来看，对采购、技术开发、生产各个环节碳足迹管理，能够更好地帮助企业达到降碳目标。从源头端的采购和物流层面，碳足迹能够推动企业更多采购绿色原料，在供应商和物流伙伴的选择上优先合作具备可持续发展优势的商业合作伙伴；在技术开发层面，碳足迹能够推动企业进一步向低碳化、清洁化的技术方向倾斜；在产品生产层面，碳足迹能够引导企业利用可再生绿色能源替代传统能源，持续不断提升能效。

③碳足迹对于循环经济体系的形成以及低碳社会的建立有着重要意义。循环经济是世界各国推动绿色低碳转型的重要支撑，也是我国实现“3060”双碳目标的重要途径。纵观全球，欧盟、美国、日本、新加坡等主要发达经济体，都将发展循环经济作为拉动经济增长、实现气候目标的重要支柱和关键路径，并制定了一系列配套法规、指令和相关行动计划。要将循环经济纳入碳减排的管理体系和市场体系，准确核算循环经济活动的碳减排量是基础和关键。

双碳目标提出后，我国生态文明建设进入以降碳为重点战略方向的新阶段，循环经济发展被赋予了新的使命要求。我国于2022年8月发布的《工业领域碳达峰实施方案》中明确提出，要大力发展循环经济，加强再生资源循环利用。实施废钢铁、废有色金属、废纸、废塑料、废旧轮胎等再生资源回收利用行业规范管理，鼓励符合规范条件的企业公布碳足迹。循环经济活动往往涉及方方面面，且时空范围跨度广，其碳排放核算极具复杂性。碳足迹不仅包括产品本身，也包括其产业链、供应链等关联环节的碳排放。产品碳足迹的细致核算，能够推动强化绿色产品评价标准实施。同时建立重点产品全生命周期碳排放数据库，不断探索将原材料产品碳足迹指标纳入评价体系，是我国低碳社会发展的必然方向。

④作为碳足迹信息的有力载体，碳标签对于减碳以及打破国际贸易壁垒有着重要意义。目前全球已有英国、欧盟、美国、韩国等12个国家和地区的政府部门正在积极发展碳标签制度。产品碳标签能大幅提高产品的品牌形象，有力引导消

费者的绿色环保理念，提高产品在更大市场范围的流通能力，能够有效地促进全国统一大市场的建设。企业碳标签推动企业向低碳生产转变，一方面促使技术创新，提高企业运营效率等；另一方面可以有效打破国际贸易壁垒，增强企业出口贸易实力及全球竞争力，带动我国出口增长及保障出口贸易份额。

碳标签对于供应链的低碳调整已经跨越国境。法国作为率先对产品碳标签进行明确要求的国家，其行动将对欧盟乃至世界推行产品碳标签进程产生不容忽视的影响。欧盟“碳关税”的通过其实是存在贸易保护绿色壁垒的争议，在此状况下，碳标签就是“走向世界舞台的身份证”。作为全球化产业链条上的供给方，中国的大部分外贸型企业在国际形势要求下已经具有积极的应对态度，这也是碳足迹能够得到大力发展的内生驱动力之一。

⑤作为碳交易的重要基数，碳足迹公布后将使碳交易市场的发展更加规范，对碳交易市场的持续健康发展有着重要意义。2021年7月，全国碳排放权交易市场正式启动上线交易。截至2022年10月21日，全国碳市场碳排放配额累计成交量达1.96亿t，累计成交额达85.8亿元。经过持续不断的建设和运行，全国碳市场已经建立起基本的框架制度，打通了各关键流程环节，初步发挥了碳价发现机制作用，有效提升了企业减排温室气体和加快绿色低碳转型的意识和能力。碳足迹可更加精准地核算碳排放量，是实施碳交易、实现碳中和的基础。而碳足迹数据的公布会与碳交易市场形成叠加效应，碳足迹建立在全生命周期的基础上，能够对企业或产品全部环节的碳排放进行核算。一方面丰富的碳足迹数据库能够推动碳交易市场更加规范地发展，另一方面碳交易市场的不断完善又会助推碳足迹在全社会的快速发展。

⑥碳足迹的持续发展为我国碳金融市场的发展提供了数据基础，对成熟碳金融体系的建立有着重要意义。随着碳足迹数据的不断完善以及碳交易市场不断发展，更成熟的碳金融市场也将更好地服务实体经济、服务碳中和使命。碳期权、碳期货、与碳排放权相挂钩的债券产品，能够拓展企业碳融资渠道，提升企业参与碳市场的积极性。碳标签作为金融机构评价企业绿色低碳程度的量化指标，等级越高，企业获得的资金支持就越多。合理发展和利用碳金融工具，有效发挥碳金融服务实体经济、服务碳中和的重要使命，最终实现低碳发展、绿色发展、可持续发展的目的。

6.2 石油化工行业碳足迹评价绿色效应显著

石油化工行业碳足迹核算与评价可帮助摸清行业碳排放现状，整体认识企业的碳排放水平，也可以为相关上下游行业提供碳足迹评价的基础数据。碳足迹可对碳排放的具体来源进行量化，直观表达各个环节的碳排放数值，对于识别高排放装置或工艺具有重要指导作用，结合工艺过程排放特点提出生产过程产品方案与能源消耗的分配方法，真正使企业因调整产品结构导致的碳排放变化反映到产品碳足迹结果当中，指导低碳能源产品生产，从而整体降低我国石油化工行业碳排放。

对石油化工生产过程进行碳足迹评价，便于企业提出并制定符合自己企业实际情况的、合理的、经济适用的节能减排计划和方案，提高应对环境风险的能力，也是降低生产成本最直观的手段。开展石油化工行业碳足迹核算还有助于石油化工产品碳标签的认证推广工作，碳足迹核算为碳标签的推广提供了数据基础。推广碳标签的目的是引导消费者低碳的购物选择、鼓励消费者绿色低碳负责任的消费，尤其是在大宗商品和终端石油消费品层面开展碳标签推广工作，可有效降低石油化工行业碳排放，碳足迹和碳标签作为市场内绿色量化指标将有助于提高企业竞争力，淘汰落后生产企业产能，产生的行业绿色生产带动效应也将帮助企业收获更大的市场。开展石油化工行业碳足迹核算与评价是一项紧迫且必需的工作，是石油化工行业实现双碳目标的重要途径。开展石油化工行业全行业、全产品的碳足迹评价工作，并辅以信息化技术为支撑，实现碳足迹评价更大范围、更加精细化的数据收集与获取需求，早日实现石油化工行业的转型升级与绿色发展。

6.3 碳足迹评价发展趋势展望

在双碳背景下，碳足迹核算工作也逐渐向着更精准、更智能的方向发展。云计算、大数据、智能制造等技术的迅猛发展，为碳足迹带来了新的发展方向。与这些新技术的深度融合，为碳足迹提供了更丰富、更智能的应用场景，同时也促进了碳足迹更好地服务于双碳目标。

充分发挥云计算和大数据优势，促进碳足迹核算和评价向数字化方向发展。碳足迹核算和评价涉及产品生产的全过程，数据分布广泛，各个环节数据算法各异，计算复杂，因此对于碳足迹核算结果的及时性以及计算工具的性能提出了更高的要求。而云计算的发展，能够突破碳足迹大数据量、高运算力的瓶颈，基于各个产业已有的数字化和平台化基础，更能发挥碳足迹核算和评价的数字化优势。

工业互联网的发展为碳足迹核算形成的碳标签提供了更多更广泛的应用场景。目前，工业互联网得到了大规模的发展与应用，各个工业企业也正在积极开展应用探索，供应链管理和产品质量追溯已经初见成效。工业互联网标识解析方法和技术所具备的跨地域、跨企业、跨流程，端到端的全生命周期的管理正好与碳标签数据收集、查询和标识的需求相一致，并最终通过标识生成碳标签，形成对产品碳足迹的追溯。工业互联网与碳标签的结合，大大促进了企业绿色低碳发展的进程。

双碳目标的提出为全行业碳足迹数据库的建设提出了更高更紧迫的要求。目前行业碳足迹数据仍然处于起步阶段，没有形成标准和规模。如何基于现有的碳足迹核算和评价技术标准和方法学的研究，结合行业生产数据、业务流程等标准化成果，从而快速形成覆盖全行业、全产品的碳足迹数据库，并形成完善的标准体系，逐步形成覆盖主要产品的碳标签，实现产品碳足迹对标管理，是双碳工作的重要一环，也是双碳目标实现的重要一环。因此在双碳目标的要求下，完善、真实、详细的全行业碳足迹数据库的建设也更加紧迫。

在双碳背景下，企业必须时刻提升自己的低碳意识、降碳水平，才能实现可持续发展和高质量发展的目标，企业需要对自身发展与能源环境的关系进行再思考和再部署。碳足迹评价将带动企业加大创新力度，推动技术升级与改造，淘汰落后的技术，并且进行认证及使用碳标签标识。全方位地推行碳足迹评价将会在推动双碳战略上起到举足轻重的作用，为我国迈向绿色发展之路作出巨大贡献，促进双碳目标早日变成现实。